木《もく》育《いく》のすすめ

山下晃功　島根大学教授

原　知子　出雲科学館講師

海青社

はじめに

今や地球温暖化による地球環境の悪化が深刻になりつつあります。特に昨年二〇〇七年の日本の夏は殊の外暑く、各地で最高気温を更新してしまい、四〇・九度の日本新記録を樹立してしまいました。地球温暖化を防止するため、CO_2《二酸化炭素》削減を目的に、森林によるCO_2吸収作用がにわかに脚光を浴び出しました。しかし、今や日本の山林は過疎化による山村の少子高齢化に伴い適正な管理が行われない状態であり、CO_2吸収能力が低下してしまっています。また、安い外材に押され急激な国産材の需要減の結果、国産材が山に放置されたままになっています。まさに日本の森林がひん死の状態であり、これが川上の現状です。

一方、川下に目を転じれば、木材が持続可能な循環型資源であり、さらに製造時の省エネルギー材料でありながら、残念なことに金属、プラスチックなどに取って代わられ、その使用量が減少してしまっています。そして地球温暖化に拍車をかけているのです。いわゆる「木離れ」です。これに歯止めをかけ、省エネで理想的な持続可能な循環型社会形成のためにも林野庁が中心となり「木づかい運動」が提起され、実施に入りました。さらに、二〇〇七年(平成一九年度)からは「木づかい運動」の中に「木育」(木材利用に関する教育活動)が新たに加わり、一層木づかい運動に拍車がかかることになりました。

折しも、衣食住の食に関しては、食育が先行して各種の教育活動が展開されていることは皆さんすでにご存知のことと思います。生活の三要素と言われ、生活に密着した衣食住を見直し、人間にとって健全で、地球環境にとっても良好な営みを再構築する国民運動が今や活動を開始し始めたとも考えられます。すなわち、それだけ現代の食生活、住生活(木育に関連)、ライフスタイルなどが大きく乱れ、人間生活、社会生活、地球環境にとって劣悪な状態になっていることを物語っています。家庭教育、学校教育、社会教育において「食育」や「木育」を展開していく必要性が高まってきている証拠と言えます。

木育は「森を育むため(良い地球環境のため)」の木材利用に関する教育活動です。ただ単に、木材の使用量を増加させれば良いというものではありません。さらに、木材使用がどのように、なぜ地球環境に良いのかを理解する必要があります。木材利用(木でものを作る活動を含めて)が人間発達上、教育上なぜ良いのかを理解して行うことがとても重要なことです。これが木育の基本理念です。

そこで木育を国民運動として展開するには、日本国民すべてが学ぶ義務教育段階での学習と、これを基盤にした学習、すなわち、社会教育での学習を積み上げていく必要があります。そのためにも小学校教育、中学校教育での森林教育、木材・木材の加工教育に関する教育内容理解はとても重要です。私たち筆者二人は大学の教員養成学部（技術教育）と社会教育施設（創作工房）に身を置き、学校教育、社会教育両面で「新しい木工教育」活動を企画、立案、教育実践している者であり、経験豊かで老練な教授と新進気鋭な若い女性木工インストラクターのコンビです。円熟で豊富な長年の教育経験と、若さを武器に新しい木工の教育実践と木材科学を子ども達にも理解し易く解説した「樹と木の物語」や「木って、ステ木」の特別企画展などに果敢に挑戦して得た、二人の多くの知見を融合させて本書を書き上げました。

本書が新事業「木育」推進の明確な道しるべになれば幸いです。

山下晃功

二〇〇八（平成二〇）年　立春

木育のすすめ——目次

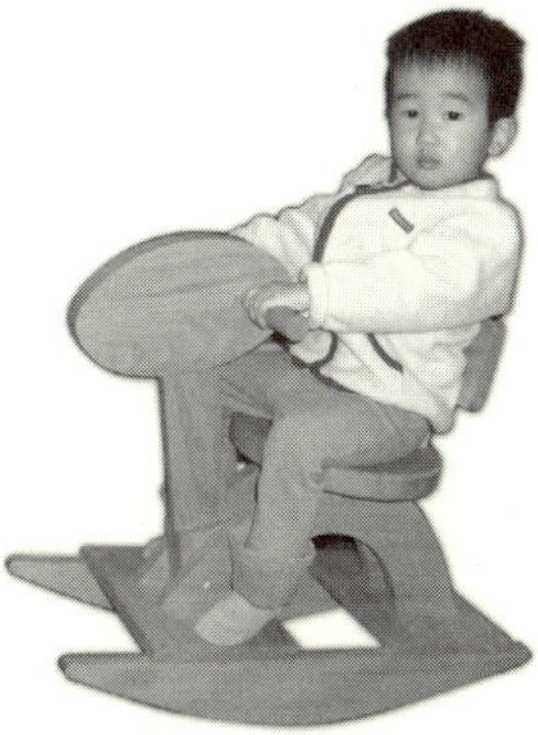

5章　義務教育と木育……57

1章 木育と「木工」について

1 従来の「木工」の意味

一般生活者の皆さんに馴染みのある用語に「木工」があります。例えば「木工教室」、「木工機械」、「木工作品」、「木工具」などの用語が私たちの身の回りで頻繁に見かけることができ、すでに市民権を得ています。そして、この用語が示す内容的な意味もほぼ共通理解ができています。

そこで、この「木工」という言葉から多くの一般生活者がイメージし、理解している内容を記述すると、次のようになるでしょう。木工とは「木材、木質材料をのこぎり、かんななどの木工具や丸のこ盤、自動かんな盤などの木工機械を使用して、切ったり、削ったりして木のおもちゃ、机、椅子などの木工作品を作り上げることである」。

このことをやや専門的に解説すると以下のようになるでしょう。

「ものを作り上げるためにはいくつもの工程(段階)を経る必要がある。これらの工程を工作法とも表現している。ものづくりには、むだのない、合理的な基本工作法や応用工作法がある。最初は何をするのか。次はどうしたら良いのか。などの工程・順序・方法を熟知していないとものは完成しない。この場合には、基本的な木工具や木工機械で木材の切り方、削り方のそれぞれの加工技術(wood processing)を知っておく必要がある。さらに、木材と木材の接合方法も知っている必要がある。それらを知りながら加工技術の一連の連続した流れの製作(ものづくり)システムが木工である。この木材を使った製作(ものづくりの)システム全体を「木工」(wood working)と表現することができる」。このように大きなシステムが木工活動全体です。

従って、木材科学、木材材料学や木材加工学の研究者にとっては、ものづくりシステム全体(木工)の知識と技術を身に付けることによって、広い視野の下で、より生活と産業に密着した研究の展開が期待できます。

2　木育と「新しい木工」

「木工」と同じような意味合いで「木材加工」の用語があります。しかし、木工ほど親しみと馴染みがありません。専門家にとっては「木材加工学」「木材加工用機械作業主任者」は比較的目にする用語ですが、一般生活者にはほとんどありません。一般生活者にとっては木工は木材加工の短縮型として、同義語としての理解が一般的かも知れません。

やや専門的にこの「木材加工」を定義してみると以下のようになるでしょう。「木材を直角に切る、木材を厚さ二〇ミリメートルに削る、木材の所定の位置に直径五ミリメートル穴を開けるなどの加工技術を木材加工(wood processing)と表現します。そして、木材に対して一つ一つのものづくりの基盤となる加工技術を実行することを、「木材を加工する」と表現することが一般的です。すなわち「木材加工」なり「木材を加工する」ことは、木を使った製作(ものづくり)のシステム全体を表現していません」。

そこで木材加工に近接して、木材加工学という学問領域が存在しますので、これを平易に解説すると以下のようになります。

「のこぎりの刃は木材をどのような仕組みで切るのか。かんなの刃はどのような機構で木材の表面を美しく削るのか。などの加工技術の理論(理屈)を解き明かす学問が木材加工学である。」従って、木材加工学を修めても、木のおもちゃ、机や椅子などを作り上げることはできません。ただし、もっと美しく、もっと効率的に、もっと経済的に木材を切りたい、削りたいと個別の加工技術に関する問題解決を行うときには、木材加工学の知識や技術、技能が必要になります。

また、現行の中学校学習指導要領の技術・家庭科(技術分野)やそれに基づいて作成されている教科書に使用されている用語には「木工」、「木材加工」は使用されていません。材料加工の金属、プラスチックなどの一つの材料として木材を位置づけて、「木材の加工」の用語が使用されています。この技術・家庭科の「木材の加工」の概念は「木工」に「木材加工」の考え方をプラスした意味で使用されています。
このように「木工」、「木材加工」、「木材の加工」の三用語がそれぞれ異なった考え方、意味を持って使用されています。

3 「新しい木工」と研究成果の関係

先に述べた従来の木工の考え方の中には、木を使った「単なるものづくり活動」としてとらえられ、一般的には木材科学、木材加工学などのような学問研究に裏付けられた理論で形作られた内容のものが少ないのです。この単なるものづくり活動の中では、なぜ木材はこのように使用してはいけないのか？　なぜ、木材をこのように使用しなければいけないのか？　なぜ、木材がこのようにかんなで削れるのか？……このような疑問に対して、理論的な背景、根拠などは「従来の木工」では十分に、説明がなされていないのが一般的でした。すなわち経験則で行われてきていたのです。とにかく、かんなで木が削れ、ものが完成すれば良いとの考えでした。

そこで、これから正しく木工を理解していくためには、木を使ったものづくり活動を中心に据えて、従来からの貴重な木工経験則を活かしながら、木材科学や木材加工学などの学問的研究成果に裏付けられた知識、技術、技能に基づいた内容を融合させていくことが必要です。これが私たちの理想とする「新しい木工」の考え方です。

本書の中では木工教育、木工学習システム、木工インストラクター、木工プログラムなど「木工」

の用語を数多く使用しています。

　本著書において使用する「木工」の考え方としては、先に述べましたように、木を使ったものづくり活動を中心にして木材科学、木材加工学など、木工に関連した諸学問領域での研究で得られた研究成果を包含し、そこへ日本の伝統的な木の文化によって築き上げられた精巧で、合理的な木工技術から生み出された有益な経験則を融合した概念として、新たに「木工」の用語を本書の中で使用しています。このように「新しい木工」の概念形成を行って使用しています。旧態依然とした「単なるものづくり活動だけの木工」の概念で使用していません。

　従って、読者の皆さんは、本書における「木工」の概念理解において、どうかくれぐれも誤解のないように本書を読んでいただくことを心よりお願い申し上げます。

2章

従来の木材利用普及の問題点

ロボ木《キ》ー

1 生活者への視点の軽視

木育推進に向けて活動を始める前に、従来の公的な木材利用普及活動を振り返ってみることにします。一般生活者への木材利用普及の拠点としては例えば、西日本では兵庫県の兵庫県立丹波年輪の里、岡山県の勝山木材ふれあい会館などであり、東日本では北海道立林産試験場の木と暮らしの情報館や富山木材利用普及センターなど、全国で一五施設が木材利用普及施設として(財)日本木材総合情報センターに登録されています。また、その他には都道府県にある林業、木材関連の公設試験研究機関の普及、広報、情報部署においても、一般生活者向けの木材普及、広報スペースを小規模ながら設置しています。

しかし、従来はどうしても産業界への木材加工技術や木材利用の普及や広報活動に軸足を置いた姿勢が多く目につきました。もちろん、木材の利用については産業資材として、木材が産業界で大量に使用されるような普及広報活動を否定するわけではありません。しかし、産業界で製造された商品は最終的には生活者の手にわたって消費されるプロセスを考えれば、エンド・ユーザーである「生活者」への視点が軽視されがちであったことは否めません。

近年になって、生活者への視点が行政施策においても重要視されるようになってきたことは誠に喜ばしいことです。とはいえ、普及広報活動の方法論、システムなどの研究は実に乏しいのが実状です。メディアを使って広報することや、単一の教材を開発する程度でしょう。生活者への木材利用普及を有効なものとするためには、木材利用普及活動を家庭教育・学校教育・社会教育を三位一体としたトータル・システムの生涯学習体系を構築していく必要があります。

2　樹木を主体にした森林環境教育の実態

従来、とかく森林や木材に関連した環境教育の主体は、川上の森林に比重が置かれていました。それを代表するのが「樹木を伐ることは悪」という考え方です。もちろん、伐ってはいけない樹木は山にも都市の中にもたくさんあります。この視点だけで価値が左右されてしまえば、川下で木造住宅に住み、木製家具に包まれたウッディーな生活は否定されてしまいます。金属、プラスチック、ガラス、セメントに囲まれた生活になってしまいます。

社会教育として森林教育を担う指導者に対し、いち早く「森林インストラクター」の養成が行われたり、森林・林業教育の各種のプログラムが開発されたりしてきました。そして、それらを実施する県民の森などの公的な森林公園と、それに附設した森林学習館などの施設も整えられてきました。さらに、学校教育においては小学校、中学校などの学校教育に「総合的な学習の時間」が設けられました。その具体的な学習内容事例として環境学習などが学習指導要領に記載され、森林環境学習も学校教育で行うことに拍車がかかりました。

しかし、川や湖などの水を対象とした環境教育は比較的活発に実施されていますが、森林を環境学習の対象とした環境教育は、都市部の学校ではなかなか行われてきませんでした。郡部の学校ですらこの傾向はあるようです。学校林を持っている学校では比較的実施されやすい傾向にあります。学校施設では必ずといって良いほど校庭があり、そこには樹木が環境整備のために植えられていますので、ぜひこれらを教材として活用して欲しいものです。

3　木材を主体にした木材環境教育の実態

前述したように、従来日本では樹木を伐ることは環境にとって「悪」であるとの価値観だけで環境問題が議論され、そして環境教育が先行して行われてきました。その結果、樹木を伐採して得られた木材にしても、環境に良い材料であるとの認識は一般生活者には理解されがたいことでした。さらに、木材の有効利用を学習させる木材教育は森林教育と比較すれば一般生活者にとっては、やや馴染みが少ないものでした。

ところが、地球温暖化に代表されるように、地球環境の悪化が世界共通の大問題となり、工業化社会も自然環境を無視して存在できなくなってきました。さらに、持続可能な循環型社会の構築が地球規模で必要となってきました。このように森林環境教育はより視野を拡大し、川上と川下を見据えた視点からの考え方と実施が必要視されるようになってきました。

つまり、樹木を育て、森を育てる。そして、樹木を伐採し、森を適正に管理し、木材を得て、木造住宅を建設し、木製家具を作り、木に囲まれた生活をしながら、大気中の炭素を長い年月の間木材中に固定します。そして、最後には環境へ負荷を小さくして廃棄できます。この一連の営みの中で自然環境と生活環境の両者を考えることが必要となってきました。ここへ来て木材は「エコマテリアル」としての、材料の価値が認識され、「木と森」を両立させた環境理念が確立できました。

しかし、この木材環境教育を実施するための現状は、はなはだ厳しいものがあります。木材環境教育の場所は？　指導者は？　教材は？　となれば全く未整備の状態です。こんなにたくさんの木材が生活の中で身近に使用されているにもかかわらず、木材利用教育はおろそかにされてきました。木材を一般生活者に対して環境面での優位性などを啓発するための活動は樹木、森林に比較してはるかに後発でした。森林インストラクター養成制度はすでに存在していますが、木材インストラクターは現在でも存在しません。学校教育での木材教育の場は中学校教育の技術・家庭科の木材の加工分野しかなく、環境面での学習にはあまりにも力点が置かれていません。

このような実態の中で「木育」すなわち「木材利用に関する教育活動」の全国規模の展開による

イベント会場での木工教室

学習プログラム開発、教材作成、木育インストラクター、木育コーディネーターなどの指導者養成。そして、施設、設備の整った学習拠点作りなどの整備が急がれます。

4　木工教室は大盛況

木材利用教育は単に、材料としての木材を科学的に理解するだけのものなのでしょうか？　もちろん科学的に木材を正しく理解することは必要なことです。しかし、木材や木材を加工して製造された木質材料などの合板、集成材、繊維板も単なる材料として生活の中で存在するのではなく、木造住宅や木製家具、さらには種々雑多な生活用具として形を変えて存在しています。

一般生活者が生活の中で、木材や木質材料が形を変える最も身近な体験行為は日曜大工でしょう。現在のようなハイテクでファースト・ライフの時代において、手間暇かけてものづくりを行うような日曜大工が、なぜ多くの生活者に支持されているのでしょうか。全国で開催される各種の木材イベントにおいて木工教室、日曜大工コーナーはいつも長蛇の列です。毎年八月末、千葉幕張メッセで開催される日本ＤＩＹホームセンターショーにおいても、日本日曜大工クラブ主催の木工教室は大盛況です。今や、ＤＩＹ、木工教室は完全に市民権を得ています。

このように木を使い、手を使うものづくりの活動は木材を理解するとても有効な手段です。頭で木を理解するだけではなく、体全身で木に取り組み、木と会話し、木を五感で感じながら刻々と形を変化させ、頭脳で考えた目的の製作品を完成させることは、きっと人間として本能に訴えるものがあるはずです。

木工教室、日曜大工などの木を使う実体験がある人にとっては、木材の性質などの木材科学の話を聞くだけで、その木材の理解は格別な深化が得られるはずです。一方、木に触れたこともない人にとっては、木材科学についての話の理解は知識としての理解に留まってしまいます。このように考えると木育の展開においても、随所に木工の実体験となる木工教室や日曜大工の活動を取り入れていく必要があります。

5　啓発・広報・普及活動の現実

生涯学習社会の形成は学習社会の一つの理想像です。私たちは小学校教育、中学校教育、高等学校教育、そして大学教育を通して、学習の手ほどきを受けてきました。人間は教育されることにより教養を深め、専門的知識、技能を身につけていきます。

社会に出てからも内外の社会変化に柔軟に対応していかなければなりません。このための学習の継続は、技術革新、新たな価値観、新しい社会制度など、変化の激しい現代では当然のことでしょう。

ところで社会制度の変化、行政の啓発・広報・各種の普及活動はこの情報化社会では多様な方法が考えられます。そこで、これらの啓発・広報・普及活動を体系的に研究開発する機関は従来どこが担当してきたのでしょうか。今まで全く手つかずの、空白状態で存在し、暗中模索状態に見えていました。これまでだれでもが、一般的常識の範囲内で行えるものと理解されていたのでしょう。

しかし、あえてこの啓発・広報・普及活動を体系的に研究する機関を挙げるならば、教員養成大学・学部であろうと考えます。なぜならば、義務教育とは日本国民すべてが享受しなければならない知識・技能を授けるものだからです。広く国民に、新たな理解と行動を啓発・広報・普及するためには、義務教育の内容に基盤を置かねばなりません。義務教育段階で学習しているその上に、新たな啓発・広報・普及内容が上乗せされていきます。

教員養成機関は義務教育段階での実践的な教育内容、指導方法、教材・教具などを豊かに保有している機関であるはずです。当然、社会教育面でもこれらの保有している力量が大いに発揮されるべきです。しかし残念ながら、それらの機関の掛け声は「生涯学習社会での指導者養成」をうたっていますが、その実体は伴っていません。教員養成機関での義務教育と密接にリンクした生涯学習社会での啓発・広報・普及活動の内容論、方法論などをそれぞれの領域（衣食住、医療、産業、技術、社会制度など）で大いに研究開発されることが期待されます。木育推進についても、森林、林業、木材、木材加工、木造住宅、木製家具などを通した内容、方法、体制などの具体的なものについての研究開発を、今後期待したいものです。

6　木材科学・木材加工技術・木工が融合できないか？

5でも述べたように、一般生活者にとっては木工（日曜大工のように木を使って生活に必要なものを作る）はとても一般的で、好評な生活活動であり、趣味の活動でもあります。

一方、木材科学や木材加工技術は学術的な内容で、これまで一般生活者とは大きな隔たりのある学問領域として位置づけられています。木材科学や木材加工技術を一般生活者へ啓発することは、木材を正確に理解するためには必要なことです。病気や医療技術を医学的に正しく、分かりやすく説明することは医者にとって、医者と患者（一般生活者）の信頼関係を得るのに最も大切なことです。近年このことがインフォームド・コンセントとして医療における医者と患者（一般生活者）の信頼関係構築の用語として使用されています。

このインフォームド・コンセントを木材界に置き換えてみましょう。木材の特性、木材の加工技術を正しく理解して使用することが、地球環境にとっても、健康的にも、安全性においても、美しさにおいても必要なことです。これらの情報を一般生活者に、今まで分かりやすく咀嚼《そしゃく》して伝えられていたかといえば、ほとんどなかったと言っても良いでしょう。木材がこんなに身近な資源であるのに、なぜ知らされてこなかったのでしょうか。木材科学や木材加工技術を専門にする大学人や試験研究機関の研究員も一般生活者へ木材科学、木材加工技術の啓発、普及を本気で取り組んできた者はほとんどいません。日本木材学会でも林産教育部門は存在していますが、一般生活者に目を向けた研究発表は極めて少ない状況です。ここにも今後の木育推進の課題が見えてきます。

一般生活者にとって、最も身近な木との実体験的な関わりは「木工」でしょう。この木を使ったものづくり活動を通して、一般生活者は、木材科学、木材加工技術の内容を何となく、感覚的に体得しているのです。従来、このような実体験をもとに木材科学、木材加工技術を木工活動の中で有機的に融合させるような学習の場はなく、指導者も全くいませんでした。今後は木工活動の中で、木材科学や木材加工技術の知識が大いに生かせる場と、それらが分かりやすく、楽しく指導できる指導者が必要となってきます。

なぜ、木はこのような使用をしなければいけないの？　なぜ、木を使うことが地球環境に良いの？　木の利用上の問題が生じたら、どう対応したら良いの？……このような問題解決の基盤に木材科学、木材加工技術の知識は実践的な木工活動の中では多いに生きてきます。著者二人の職業訓練校での実践的な木工技術取得訓練経験において、大学教育で受けた木材組織学、木材理学、木材加工学、木工機械学、木質材料学などが、私たちの頭脳と身体の血となり肉となって有機的に機能

韓国・全北市の私立クレヨン幼稚園での木工活動

しています。このような関係を木育の学習プログラム作成時に大いに反映させていきたいものと考えています。

7　韓国における幼児の木工学習プログラム

木材は太古の時代から生活に身近に密着した材料であり、自然界の中で人類が持続可能な循環型社会を維持して使用してきた資源でした。また、太古の時代から人間はホモ・ファーベル（工作する人）として動物と区別され、木を生活の中に「ものづくり」の対象資源として活用してきました。

つまり、人類として生きる力を発揮する学習材として木は必要であり、身体発達上できるだけ早い時期から木に親しませ、木を使って、ものづくり能力の発達を促していくことが大切です。このように考えますと、幼児時からの木工活動の導入があるべきでしょう。従来、幼児用玩具に木が世

韓国・全北市の私立クレヨン幼稚園での木工活動　なにができるかな？

界中で使用されてきており、幼児用玩具の素材としての木の適性は認められてきました。しかも、知育玩具としての価値が付加され、デザイン的にもより高品位な木製知育玩具が現在も開発されています。

しかし、「ものづくり創造能力」の育成を目的とした、人間本来の姿でもあるホモ・ファーベル育成の学習目的を持った学習プログラムは世界でもあまり類を見ませんでした。ところが、近年韓国・全北市にある、国立全北大学の木材学者(Lee, Nam-Ho 教授)と幼児教育学者(Lee, Youg-Hwan 教授)、さらには私立のクレヨン幼稚園の連携協力で創造性教育の一環として「幼児教育における木工プログラム開発」が実施され、日本にはない極めて貴重で示唆に富んだ幼児教育実践例がありますので、それを紹介します。

五歳児の幼児に、のこぎりびき、かんな削り、くぎうちなどの木工技術の訓練を行わせながら、創造性開発プログラムを展開しています。ここでは、幼児(五歳)が幼児用の小型ののこぎり、かんな、げんのうなどを使い、木工技術を学習時間内にしっかりと習熟のために学習し、自分の思い描く形に作り上げていくことのできる、徹底した技能訓練学習を行っています。今の日本において、幼稚園や保育園において危険な刃物を使ってものづくり作業を実施している所は極めて少数です。実際にこのような木工作業を行っている韓国・全北市にある私立のクレヨン幼稚園では、次のような前提で木工作業を実施しています。

例えば、「無人島プロジェクト」では自分が無人島に漂着したら、生き残るために、あるいは家に帰るためにはどのようなものを作るのか、というような課題を与えます。この課題に対して、ブレイン・ストーミングをし構想を描かせ、図面を描かせ、材料を準備させ、木取り、部品加工、組立てなど系統的に考え、実行させます。この過程で木はなぜ水に浮くのか、木はどの方向に割れやすいのか、などの木材科学的学習も取り入れています。もちろん、木工具や工作台は幼児の身体の大きさや体力に合うような大きさ、重さのものが準備されています。

韓国で、以上のような木工プログラムを五歳の幼児一〇名程度で、もののみごとに実践しているところを見て驚きを隠せませんでした。幼児期から木工作業を取り入れた、木育のたくましい教育実践例を見ることができました。ぜひ、日本での幼児期木工学習プログラムの参考にしたいものです。

8　高齢者のための学習プログラム開発の必要性

7においては幼児の木工学習プログラムについて述べましたが、一方の現役を退かれた方（高齢者と一言で表現するには失礼な表現かも知れませんが）に対する適切な学習プログラムの開発は従来あったかと言われれば、これも特別存在はしませんでした。また、高齢者への指導法の研究が存在したかと問われれば、これも存在しなかったといえます。ただ、高齢者の方は木工品でもある種の作品には非常な興味関心を示します。例えば、掛け軸や茶道具を入れる桐箱、盆栽用の花台、木工ろくろ加工による茶托、盆、皿、鉢などが多くの高齢者に喜ばれています。

このように、幼児向けから高齢者向けまで広範囲な世代ごとの適時性や嗜好を考慮した木工学習プログラム開発は、これまで存在していません。さらに、女性、男性の性別を考慮した木工学習プログラム開発もありませんでした。つまり、従来は系統的で、体系的な木工学習プログラム開発はなにもなされてこなかったのです。

二〇〇七年問題に代表されたように、大量のリタイヤした団塊世代の人が社会に存在し始め、ここに新たなビジネスチャンスがあると言われています。農業分野では生きがい、実用性、健康維持など、多くの目的を持った農業活動の場を提供するように、各種のプログラムが開発されて、好評を得ています。

木工分野でもこの好機を逃してはなりません。特に男性が家庭の中で「お父さん、おじいちゃん」

として目に見えた存在を示す必要があります。この手段として、いわゆる日曜大工として住まいと家具の維持管理などに貢献できます。例えば包丁の研ぎができる、オーダーメイドの家具が作れる、リサイクルができる、孫のおもちゃが作れるなど、家族への貢献ができる内容です。

筆者らは木工愛好者の集まりである松江木工クラブや出雲ウッドフレンズの成人・高齢者を指導していて、指導方法や作品の好みなど、大学生への指導法や各種木工品の嗜好に大きな違いがあることを体験しています。これらの貴重な体験から高齢者向けの指導法、適正な木工技術修得レベル、好みの木工作品などを体系的にまとめた成人・高齢者向けの木工学習プログラムの開発が、木育の全国展開においても必要であることを痛感しています。

9　女性のための学習プログラム開発の必要性

最近、木工教室への女性の参加率が上昇しています。島根大学教養教育での木工実習の授業では半数は女性です。また、社会教育施設の出雲科学館創作工房での木工教室の参加者においても、ほぼ半数が女性であり、若い方、年配の方を問わずに参加希望があります。

住まいのインテリアは女性の興味関心の高い分野であり、生活用具としての家具、生活雑貨などを自由に製作してみたいとのニーズが高いことが、木工教室への参加を高めています。女性の方が男性より住居への関心意欲が旺盛な証しです。

そこでは、彼女らを満足させる指導法、適正な木工技術レベル、好みの木工品など的確に把握し

木工教室指導者　女性インストラクター

た木工学習プログラムを開発していく必要があります。一昔前の中学校教育では木工のような技術教育は男子向け、家庭科教育は女子向けで学習していた時代が嘘のようです。

女性に対するの指導法、女性に適正な木工技術レベル、女性の好みの木工作品などの情報や研究は、従来全くありませんでした。現在でも指導者は男性が多く、女性の感性を無視したような失礼な指導法や、製作題材(木工作品)の提示などがあったと思います。特に最近参考になる情報は女性向けのインテリア雑誌からのものが多いです。

木育を社会に定着させ、普及させるには女性の感性、能力が大いに必要です。

10　女性木工インストラクターの必要性

女性の木工志向が高いことはすでに話しました。しかし、木工を指導できるインストラクターの女性の数は極めて少数です。中学校の技術科の先生は木工の指導ができます。しかし、全国的に見て技術科の中学校の先生は大半が男性です。なぜ、女性が少ないのでしょうか。このような現状を変えるためにも、女性の木育インストラクターの大量の養成が必要です。

女性向けの木工学習プログラムの企画立案に手腕を発揮して、女性に好まれるような作品製作や木育情報提供、女性と共に各種のイベントで協働できるインストラクターです。そして、高い木工製作技術も身につけ、テキパキと楽しく、さわやかに指導できることが必要です。

従来の木工と言うと男性の指導者が多く、女性を指導する時には、学習者の技術レベルを十分に配慮した指導ができず、指導者が執拗に手をかけ過ぎて全部製作してしまい、学習者の学習達成感、成就感を削いでしまう場合が多かったのです。また、製作課題の設定も、どうしても男性の感覚で設定されてしまい、デザイン的にも不評な作品を製作してしまうことが多かったのです。このような点を改善するためにも、女性木工インストラクターの養成が必要なのです。

現在では女性建築家は社会にたくさん存在します。また、女性インテリアコーディネーターもすでにたくさんの方が活躍されています。これらの女性にも木育インストラクターとしての資質はありますので、木育としての研修を受けて、木育事業展開においては女性木工インストラクターとの協働により、多くの豊かな学習プログラムが提供できることが期待されます。

11　木工学習プログラムなどのデータベース化と共有化

全国には木工体験施設が数多く存在しています。そして数多くの木工教室が実施されてきていま す。この企画の実施には多くの労力がつぎ込まれています。しかし、教室が終了してしまえばその 企画は跡形もなく消えてしまいます。

企画を準備するために、会場面積、木工具の種類と数、木工機械の種類と台数、受講者数、受講 者の年齢、受講者の技量、材料代、実習助手の数、製作課題(作品)など複雑な開催条件を十分に考 慮しながら、企画の準備を行っていきます。このようなハード面が固まると、次は指導者や指導方 法、教材などのソフト面を決定します。最後には製作題材見本の製作を行います。

以上のような、ハード、ソフト両面の各種の条件などをデータとして保存し、データーベース化 して、それぞれの施設の企画の共有化を図ることが必要となってきます。このような全国ネット ワーク化によって、企画と準備の負担軽減化、相互情報交換による連携化が必要です。また、それ ぞれの作成した教材の持ち回り巡回制度も必要です。従来は施設間の情報交換や交流、教材の相互 貸出制度などもなく、全く孤立した状態で運営してきました。木育の全国展開を契機に、このよう な企画内容などのデーターベース化や各施設指導者、管理者の連絡協議会のような組織体制を構築 し、お互いの交流、連絡、協力できる体制を作らねばなりません。

12　木工教室に専属インストラクターはいたか？

木工教室は、木材フェスティバルなどでは大盛況のイベントであることは、以前にも述べました。しかし、木工教室を企画、実施する主催者側では必ず安全性についての心配をするのが常です。確かに木工は労働災害の多い職種です。十分な安全対策は必至です。それだけに安全操作と安全指導、木工機械整備と点検など、専門の研修を受けたインストラクターが必要なことは当然です。

労働安全衛生法に定められた、木材加工用機械作業主任者レベルの知識と技能を保有することは当然ですが、この資格は木工関連の事業所を前提とした資格であり、木工初心者や不特定多数の方を対象とした、木工教室での木工作業についての安全指導は不可能です。従って、木工教室実施に関しては、多人数の木工指導法や多人数による小型木工機械加工指導法などの、木工教室特有の指導知識と指導技能の習得が必要となってきます。

従来は、林業改良普及員、森林インストラクター、森林組合の方、大工、建具職人、木工職人、ＤＩＹアドバイザー、中学校技術科教諭らに指導者として協力を仰いで行ってきました。そして、ここまで木工教室の人気を高め、社会的に認知されるところまできました。これを木育の全国展開を契機に、より安全で、快適で、充実した木工教室などの実体験型の学習プログラムを提供するには、以上のような安全指導ができ、豊かな企画力と豊かな人との接し方のノウハウを持った、専属の木育インストラクターが不可欠です。従来は、このような専門のインストラクターの養成を行わないまま各種の木工教室が実施されていました。

13　学社連携・融合はあったか？

木工教室の企画は社会教育事業の一環としてとらえることができます。社会教育活動を実施する場合には、忘れてはならない考え方があります。それは学校教育、特に義務教育において学習してきた学習内容との関連をしっかりと受け止めて、その上に積み重ねる。または、幅を広げるような位置づけで企画(学習内容)を構築することが大切です。従来、木工イベントではこの点での配慮が極めて少なかったことは反省する必要があります。

小学校教育では生活科、図画工作科、社会科、理科、総合的な学習の時間などで樹木、森林、林業、木工などをある程度学習しています。中学校教育では技術・家庭科、理科、社会科、総合的な学習の時間などで同様に学習しています。これらの義務教育での具体的な学習内容は5章「義務教育と木育」で述べます。そこでの学習を基盤として、それ以後、どのように発展させていくかが社会教育の役目です。企画する人及び指導者は、小学校教育ではどの程度まで学習してきているのでしょうか。中学校教育ではどの程度まで学習してきているのかを自分の学習経験を振り返ってでも良いですし、お子さんやお孫さんの学校の教科書を見てみるのも良いでしょう。これらの義務教育学校での指導内容と関連づけながら、本企画の指導内容や指導方針を作成していくことが必要であり、従来はこのような視点が不足していました。

また、小学校や中学校では学校教育施設の社会開放を行っています。この制度は社会資本を地域に開放し、有効に活用し、地域の力で義務教育を支えていく大きな社会教育システムの構築につながっていきます。しかし、この施設、設備の維持管理が極めて重要な使命ですが、うまく実施できていないのが実態です。例えば、体育館や運動場の社会開放は一般的であり、利用率も比較的高いと思われますが、小学校の図画工作室、中学校の技術室では極めて低い利用率です。これらの施設、設備を活用した社会教育事業を行うと同時に、企画実施者が施設、設備の修理の維持管理に貢献することも、今後考えていく必要があります。例えば、道具や機械の手入れや整理整頓、後片付け、大掃除などが具体的なものと挙げられます。

14　日本木材学会「木づかいのススメ」の提言から

二〇〇四年一一月に日本木材学会は、現在の森林の現状や国産材の利用低迷を鑑み、持続可能な循環型社会構築を目的とする木材利用促進の「木づかいのススメ」の提言を取りまとめて公表しました。

この提言の中で今回の「木育」に関連した一般生活者を対象とした項目について注目してみます。第一には四項目目にある「学校での木材教育」、第二には五項目目にある「日曜大工や子どもの木工作から」です。

従来行われてきた学校教育（主に義務教育）では、木を使ったものづくり教育に偏重した学習内容であり、なぜ木を使うことが人間にとって、地球環境にとって良いことなのか、また木を使う場合の留意すべき点などが的確に指導されていませんでした。この点を振り返り、現代社会にふさわしい木材・木工教育を再構築して、特に義務教育で実施していくことは最も重要なことです。

現代社会は情報過多の時代であり、マスメディアによる映像を中心とした仮想現実の社会です。このような渦中に子どもたち、青少年、一般生活者がいます。これでは森の大切さ、木材の大切さの理解は抽象的、感覚的な理解に止まらざるを得ません。国民の大多数は森の大切さ、木材の良さはすでに理解していると言われています。しかし、一向にその効果が実需に現れてきません。さらに一歩進んだ対策が必要です。

このような視点から、提言の五項目にある「日曜大工や子どもの木工作から」に注目してみます。すなわち、実体験によって木の良さを理解しようとする行動計画が示されていることを評価します。これを食育の食材である「肉」に例えてみましょう。「この肉は和牛肉で、品質は良く、おいしいです」と見ているだけで言われても、その味と実感は体感できません。木でも「良い香りがして、手ざわりも良いですね」と言われても感覚的には理解できます。しかし、肉の「調理」と同じで、焼いて調味料を振りかけて、口に入れて初めて実感の味わいが理解できます。

木も切って、削って、穴を開けて、くぎで打ち付けて形を作って初めて、木でできた生活用具が完成し、この木製品を通して、木の良さが深化して理解できます。このように「木を調理」する行動は、以前の日本社会の中には、どこの家庭でも見ることができ、日本の誇る「木の文化」は、実体験的活動の「日曜大工」、「木工」を通して実生活と密着していました。それが今は消滅寸前です。このことを憂えて、学術団体である日本木材学会主催の円卓会議の提言に取り入れたことの勇気と良識に、心より敬意を表します。特に、我々技術教育関係者にとっては勇気と、今後の木と木工の教育普及振興へ力を与えたことに感謝します。

3章 木育のスタート

1 木育の語源

「木育（もくいく）」なる用語は、北海道水産林務部林務局林業木材課の資料によれば、二〇〇四（平成一六）年九月に発足した、道と道民による「木育推進プロジェクトチーム」において、検討された新しい言葉であるとされています。

この木育に類似している用語に「食育」があります。この「食育」なる用語は正式には、食をめぐる現状に対処し、食育を国民運動として推進するために食育基本法が平成一六年の第一五九国会に提出され、平成一七年六月一〇日に成立したことに始まります。現在、食育はすでに、より多くの国民に周知されており、食育が先発で木育が後発のように理解されていますが、正確にはその前後は分かりません。ここでは、この木育と食育はほぼ同時に誕生した新用語としておきましょう。

2　北海道での木育事例

木育の理念は北海道版では「子どもをはじめとするすべての人が木を身近に使っていくことを通じて、人と、木や森とのかかわりを主体的に考えられる豊かな心を育むことです」と記されています。

一方、食育は内閣府の資料によれば「生きる上での基本であって、知育、徳育及び体育の基礎となるべきもの。様々な経験を通じて食に関する知識と食を選択する力を習得し、健全な食生活を実践することができる人間を育てること」と述べられています。

木育、食育のいずれにおいても心や、人間を「育てる」ことであるとしています。しかし、ただじっと考えているだけでは「育つ」とは述べていません。いずれも「木を使って」や「様々な経験」を通した「行動」が必要と述べています。これが肝心な点です。すなわち、行動計画を作成しなければなりません。

木育の「木を使って」とは具体的に木材、木材製品を購入することを指しているのか、実際に木を使って、のこぎりで木を切り、かんな削りするような木工教室をイメージして言っているのか、はたまた木のおもちゃで子どもが遊ぶことなのでしょうか。いろいろな捉え方ができます。食育でも「様々な経験を通じて」と表現しています。

北海道では「木を身近に使っていく」ための多種多様で具体的な活動を伴った木育のプログラム

が考案され、道民へ提供されてきています。当然、これらのプログラムでは魅力的で、道民に喜ばれ、木育理念が良く分かる活動プログラムや先進的なプログラムが開発され実践されています。その知的ストックや活動プログラムは多数保有し、これらの先進事例を参考に、国民運動「木育」の広範な学習プログラム開発が今後期待できます。

3　国民運動としての「木育」

国民運動「木育」への経緯を簡単に述べてみましょう。二〇〇六(平成一八)年九月八日、新しい森林・林業基本計画が閣議決定されました。この基本計画の中で国民・消費者の視点の重視が施策に盛られました。それが具体的には「林産物の供給及び利用の確保に関する施策」の中の「企業、生活者等のターゲットに応じた戦略的普及」で「木材利用に関する教育活動(木育)の促進」が明記されました。これが国レベルで登場した最初の「木育」でしょう。

また、平成一九年二月に木材産業の体制整備及び国産材利用拡大に向けた基本方針が林野庁より発表されました。この基本方針の「国産材の利用拡大に向けた基本方針」の三項目目に「木材利用に関する教育活動(木育)」に関して、より具体的な記述が詳細に示されました。

林野庁の木育での定義の中では、はっきり「教育活動」と定義しています。この点が北海道の木育の定義や、食育の定義とやや異なる点です。木育を広義の教育活動と解釈すれば家庭教育、学校教育、社会教育を包含する生涯教育体制の中で木育を推進することになります。すなわち単純な

「遊び」、「イベント」、「娯楽」などではありません。あくまで学習を伴った「教育活動」と位置づけていることが大きな特徴です。

4 「基本方針」の中の国民運動「木育」

木育が具体的で、詳細に記述されている基本方針の本文を以下に掲載します。

「子供から大人までの木材に対する親しみや木の文化への理解を深めるため、多様な関係者が連携・協力しながら、材料としての木材の良さやその利用の意義等を学ぶ、木材利用に関する教育活動(木育)を促進する。

このため、関係府省と連携し、NPOや関係企業など関係者の間で木育に関する意識や認識の共有を図ることが必要である。また、木育活動の実施に向けて、テキストや説明者向けの解説書等を作成するとともに、これを実践しうる人材を育成する取組を進めていく。その上で学校教育においては、木材加工学習等を補い木材利用に関する理解が深まるような取組を推進する。

また、学校教育の場以外にも裾野を広げるため、環境NPO、一般企業、住宅生産者等を取組主体に含め、成人に対しても普及していく必要がある。例えば、既に国産材製品を調達したり、社員がボランティアとして森林整備に取り組んでいる企業があれば、まずはこうした企業を取組主体の対象とすれば効果的である。

併せて、大工等の木材加工技術者の養成や地位の向上などに取り組むことにより、木材に触れる仕事が好まれる社会にしていくことも重要である。

一方、木育は、国産材利用を推進するためのツールとしても有効である。すなわち、最近では身近な生活用品から木製品が少なくなり、また、遊び等を通じて木材に慣れ親しむ機会が少なくなっていること、木材に関する知識や技術を持つ人も少なくなったことから、木に関する適切な情報を提供することともなる木育は、こうした課題を解決する上で極めて有効である。このため、木材の特性に関するデータの整備を行い、木材利用について消費者に分かりやすく直接訴えかけていく取組を推進する。

例えば、地域において、大学や試験場等と連携を図ることにより、住宅、家具等への木材利用について的確に答えられる人材を育成していくことも方策として考えられる。また、消費者と直接接する機会がある大工、建築士、ＤＩＹの専門家等に国産材に関する知識を付与できるようにして、その利用推進を図ることも効果的である。

さらに、木を伐り利用することにより森林の手入れがなされること、すなわち、間伐材等の国産材の利用により森林整備に必要な資金が確保され、森林の有する多面的機能が発揮できることを訴えることが大切であり、木育と森林環境教育との連携についても具体的に検討する。

なお、木育は実際に木に親しむ体験的な活動が原点となるが、理解を深めるためには、木材利用の意義や木材の良さなどについて知識と技術をバランスよく行っていくべきであり、その際には分かりやすい情報提供とその科学的裏付けが不可欠である」。（平成一九年二月　林野庁「木材産業の体制整備及び国産材の利用拡大に向けた基本方針」関係資料 より抜粋）

5　国民運動「木育」の定義

この基本方針の中で、木育の定義をより具体的に表しています。すなわち、「子どもから大人までの木材に対する親しみや木の文化への理解を深めるため、多様な関係者が連携協力しながら、材料としての木材の良さやその利用の意義等を学ぶ、木材利用に関する教育活動」を木育とします。これを北海道の「木育」の定義と比較すると微妙な相異に気づくことでしょう。すなわち、基本方針の「木育」は「材料としての木材の良さと利用の意義」に力点が置かれています。北海道は「人や、木と森とのかかわり」に力点が置かれています。

基本方針に示されている国民運動「木育」では、生活・産業資材である材料としての木材の「良さ」と「木材利用の意義」を学習するための多種多様な学習プログラムの検討が重要です。すなわち材料としての木材の良さとは、木材科学、木造建築学、木材加工教育学、木材社会学などを基盤とした木材の良さ、すなわち木材の物理的性質、機械的性質や人間の生理・健康面、地球環境面や人間教育面などでの多様な木の良さを学べるような広範囲な学習プログラムの開発です。

木材利用の意義については、持続可能な循環型社会構築のために、自然環境と生活環境の調和を考えて、あわせて地球環境の保全を考えながら、木材の計画的利用の重要性を学習するための学習プログラム開発です。

6　国民運動「木育」推進に必要なもの

国民運動「木育」の実施について必要となるものを以下に箇条書きにします。

①木育の教科書・解説書・教材の作成
②木育指導者の育成
③木材を扱う職業人（製材技術者、木質建材製造技術者、大工、木工クラフトマン、木製家具・木製建具職人など）の社会的評価の向上
④木材に親しみ、見る、触れる、遊べる機会や環境、場所の増大・拡大
⑤木材を使える技術（木工技術）の老若男女へ国民的普及
⑥国民に分かりやすい木材情報提供の機会拡大
⑦木造住宅、木製家具など適切な木製品の情報提供の機会拡大
⑧大工、建築士、ＤＩＹ専門家らへの木材に関する知識の普及
⑨木育と森林環境教育との連携強化
⑩木育の理解を深めるために、科学的裏付けを持った知識と技術のバランスのとれた体験的活動の展開

7　林野庁による「木づかい運動」

林野庁は木育に先立ち「木づかい運動」を展開していましたので、この先行した国民運動「木づかい運動」について説明してみます。木づかい運動とは……「京都議定書では、二〇一二年までに日本のCO_2《二酸化炭素》の排出量を一九九〇年の水準より六パーセント削減することを約束しています。そのうち三・八パーセントを日本国内の森林によるCO_2の吸収量で達成しようとしています。しかし、日本では手入れが行き届かない森林の荒廃が進んでいるため、今までのままでは、京都議定書のCO_2削減目標達成が危ぶまれています。このため、林野庁においては、二〇〇五年度から国民運動として「木づかい運動」の取り組みを開始し、国産材の積極的な利用を通じて山村を活性化し、CO_2をたっぷり吸収する元気な森林作りを進めようとしています。(財)日本木材総合情報センターは木づかい運動の事務局として、国産材の利用拡大に向けた様々な取り組みを行っています」。((財)日本木材総合情報センターHPより引用)

この木づかい運動と連動して、新規の木育活動は教育活動を中心にして木材利用普及を図ることを目的に、新たに今年度からスタートする国民運動です。この従来実施してきた「木づかい運動」と、新たな「木育」とが車の両輪として有機的に機能することが期待されています。

4章 木育が必要な社会的背景

1 木育と循環型社会の形成

地球環境の悪化の代名詞が「地球温暖化」であることは皆さんすでにご承知でしょう。CO_2《二酸化炭素》の増加により、温室効果が生じてしまい地球全体を包み、温暖化が進行します。CO_2の排出は車などの排気ガス、工場からの排煙など工業化社会の弊害であるとされてきました。また、工業化社会のエネルギーは大半が化石燃料であり、有限でありクリーンエネルギーではありません。

そこで地球温暖化の現状を打破しようと京都議定書において、日本は二〇一二年までにCO_2の排出量を六パーセント減少させよう、そのうちの三・八パーセントは森林によって吸収させようというものです。これがきっかけとなって一躍森林が注目されるようになりました。

さらに社会は、大量生産大量消費が廃棄物の増加を加速させ、ゴミ問題が大きな社会問題になってきました。３Ｒ運動に代表されるように、Reduce（減少）、Recycle（再循環）、Reuse（再利用）の考え方が定着しつつあり、持続可能な循環型社会形成に向けた機運が高まってきました。

これらの二つの現象に、見事に適応できる材料として木材が脚光を浴びるようになりました。しかし、その原材料の供給源である日本の森林は病人のような状態であり、何とか点滴を打って元気回復させねばならないのです。その一方で、人工林は戦後の植林による用材が伐期を迎えています。国産材が商品価値を持たなければ宝の持ち腐れになってしまいます。さらに、安価な外材が国内市場を掌中に収めている現状です。

そこで国民的な運動として、国産材利用促進普及を目的とした「木づかい運動」に続き、木材利用に関する教育活動として「木育」がスタートすることになりました。

2　子どもの生活環境

子どもたちの生活環境はめまぐるしく変化しつつあります。家庭内ではテレビ、コンピューターなどによる仮想現実社会で過ごす時間が増大し、友だちとの屋外での実体験による遊びが極めて少なくなり、体力、気力、脳力、筋力、コミュニケーション力などの衰えが社会問題、教育問題となってきました。また、学力低下も問題となり、一体全体今の子どもはどのような「生きる力」を身につけているのか極めて心配になってきています。

家庭にある機器の大半はブラックボックスで、操作はリモコンで本体から離れた所から遠隔操作のオン・オフです。また、屋外の樹木、草花のある公園でも安心して遊べる場所が少なくなってきています。さらに、塾通いなどで遊ぶ時間も少なくなってきています。このような劣悪な条件が揃えば、子どもたちの心身の発達に影響を及ぼさないわけがありません。

こんな時代だからこそ、木を使ったものづくり活動をさせてやりたいものです。人間は本能的に工作人(ホモ・ファーベル)であると言われています。手はなぜあるのでしょうか？ 道具を手に持ち、工作(ものづくり)をして、生活を支え、生きてきました。これが根源的な人間の様です。

手が使えない、道具が使えない、ものが作れなくなってしまったのが現代人です。当然、手を使い、道具を持ち、ものを作るには、構想を描き、材料を準備し、作る工程を考え、道具の使い方を考え、組立てを考え、そして完成という長い工程と段取りが行われるのです。この過程には手、頭脳、体全体、気力、体力、筋力など身体すべてを総合的に機能させての活動です。そして、最終的には成果が目に見える「形」となって現れます。

このような達成感、成就感を体感できる活動は「ものづくり」です。このものづくり活動を子どもの時から体験させてやれるのは木工なのです。材料は何といっても木材や樹木が一番です。初心者のものづくり基盤材料は木材に始まり、プラスチック、軽金属、金属加工へと段階を経て深化していきます。

木育には、このようなものづくり活動を豊かに含んでいます。子どもの健全な発育に大いに貢献できるはずです。

3　団塊世代とものづくりの復権

近年、団塊世代の大量退職による二〇〇七年問題が大きくクローズアップされています。熟練技術者不足、退職後の生きがい、過ごし方も問題として取り上げられています。これらの問題と木育は大いに関係があります。

団塊世代向けに、すでに、都会地では「一坪農園」、「趣味の工房」などの「新ものづくりビジネス」が新感覚で登場しています。従来型にはない、実に充実した「一坪農園」です。ちょうど高級ゴルフ場のようなシステムです。おしゃれで清潔なシャワールーム、レストラン、会員相互の交流会館などを備えたクラブハウスがあり、有能なインストラクターも付くという充実ぶりです。

団塊の世代は、幼いころにはまだまだ無邪気にものづくり遊び、泥んこ遊び、木登り遊びなどの、山野を駆け回ったたくましい遊びの中で育ってきた世代です。決してコンピューターゲーム遊びで育った時代ではありません。これらの背景を考えれば、第二の人生はものづくり活動に心が向いてもなんら不思議ではありません。

「趣味の木工房」での木工活動は実用的でもあり、芸術的でもあり、創造的でもあり、身体活動的でもあり、頭脳的でもあります。そして、家族への貢献、例えば日曜大工での住まいの維持管理や家族への木工品のプレゼント製作などが考えられます。社会奉仕では、生活必需品（バス停、公園へのベンチ寄贈など)や修理での貢献。若さ維持では、何を作ろうか？　どんな材料で作ろうか？　どのような形のものを作ろうか？　などの構想を練って、頭脳を使って考えることによる効用が期待できます。

これらの団塊世代のものづくり復権が、農林業の一次産業への大きな見直しと、新たな価値の創造につながることを期待したいものです。

4　食育と木育

食育の目標の一つに地産地消があります。地産地消は当初は、食料で始まりました。地元でできた食材を地元で消費しようということです。特に、学校給食においてはその実施が積極的でした。この食材での地産地消は林産物(木材など)にも大いに適応できることであり、最近では地元の学校が地元の木材をふんだんに使用した木造校舎、室内木造化校舎が増加しました。このように、食育の運動は木育(木材利用)にも影響を及ぼしてきています。

この食育運動によって育まれた健康な日本人の体は、元気に体を動かし、元気に生き生きと生活をするためのものです。木を育て、木を切り、木でものづくりをする木育のためにも食育での健康な体作りは必要です。このように食育は木育のためにも重要であることを再認識しましょう。

5　世界に誇れる日本の木の文化

地球のグローバル化によって、世界の文化の平滑化、均一化が進んでいます。日本人の顔が見えなくなってきたとも言われています。しかし、日本には伝統的で世界に誇るべき「木の文化」、「木造文化」、「木工文化」が存在しています。それの具体的なものが木造建築、木製家具、木工芸品の中に顕著に多数存在します。例えば木材資源を有効で、合理的に活用した木造建築(木造寺院、数寄屋建築、和風建築など)における独特の軸組み工法。さらには、経済産業省認定の伝統的工芸品の中の木製品(桐箪笥、曲げわっぱ、京指物、仏壇など)の精緻な木工技術は世界に誇ることのできる宝です。

伊勢神宮の遷宮などは持続可能な循環型社会の理想型です。すなわち、植林し、木材生産し、宮大工が造営するという、木材資源と造営技術者を二〇年ごとに繰り返して永久に継続して、素材生産と人材育成の両者を組み合わせたシステムとして存在しています。

また、経済産業省認定の二〇七品目の中の、すべての伝統的工芸品は天然資源で生産されており、その中の多くのものが再生産可能な自然資源で生産されています。ここにも伊勢神宮のような持続可能な循環型社会を形成する、ものづくりのモデルが存在しています。しかし、この伝統的工芸品産業界では、後継者育成では苦労を強いられています。

このように、昔からある日本の技術文化を大いに日本人は大切にし、誇りに思うべきでしょう。

木育でもこのような日本の「木の文化」、「木造文化」、「木工文化」を大いに青少年が学習し、後世へ継承させていくことが必要です。

6　達成感の必要性

受験偏重の学習社会、買えば何でも手に入る便利な社会。これも現代社会の特性です。この中で人はどのような満たされない気持ちを持つのでしょうか。

何のために勉強するのか、その目標が明確にならないまま大学生になってしまいます。ものを買っても買っても満たされないで、部屋中がもので溢れかえってしまいます。このような時代背景で、島根大学での教養教育において、以下のような貴重な教育実践があります。

大学生に教養教育として実習形式の授業で、木工実習を行っています。受講定員一六名で男子八名、女子八名です。学習内容は各自自由製作で、木工機械加工を中心にした３Ｋ（きつい、汚い、危険）を地でいくような授業です。しかし、受講応募者は平均五倍以上であり、抽選やじゃんけんで受講生を決定しています。

おそらく、このような木工実習を大学の教養教育で行っている大学は他に例はないでしょう。受講生は熱心で、出席率も高く、自主的に補講を行っていきます。授業時間が終わってもなかなか帰ろうとしません。

作品が完成した時の彼らの笑顔は輝いています。このような大学生の生き生きした学ぶ姿、作品が完成した時の顔が輝いた若人は、他の学習場面では見られません。机に座って長時間講義を聴かされる授業形態はそろそろ改革せねばならない時代に来たと言えましょう。

さらに、完成した木工作品（ほとんどの学生は木工初心者で、高度な木工作品ではありませんが）が組立てられて完成した時の表情は、心満たされ、何とかやり遂げた達成感、成就感に満ちた表情です。半年間の努力と苦労が実った瞬間でもあります。

このように木育では、「学習の新しい価値」に気づかせること。また、ものに溢れた生活の中に、木でできた手づりの「ものの新しい価値」を見いださせる重要な役割も果たしています。

5章

義務教育と木育

家庭教育、学校教育、社会教育の三位一体化した木育の学習プログラムを作成していくためには、学校教育の特に義務教育段階において、木育に関連した学習内容（森林、樹木、森林環境、木材、林業、木製品、木工技術など）が、どの段階でどのように記載され、組立てられているかを十分に理解しておく必要があります。ここでは学習指導要領の内容から整理してまとめてみることにします。指導要領での記述部分は白抜き数字〔例❶〕で示しました。

1　小学校低学年における木育とものづくり

1・1　「造形」と「ものづくり」

幼児期・小学校低学年教育におけるものづくり活動は、主に遊びの中で行われてきています。その初歩的な段階では「積み木」による造形活動がその一つとなります。また、砂場での「砂」を材料にした造形活動も、ものづくり活動の一つとして、一般的に行われてきました。さらに、造形材料として、落ち葉、小枝、小石などの自然材料を対象にしたものづくり活動があります。

一般的に、ものづくり活動には「技術的」なものづくり活動と、「美術的」なものづくりの二つが存在します。前者を技術教育、後者を造形教育と表現しています。

技術教育のものづくりを簡単に解説します。すなわち、ものを形づくるためにはものづくりの基盤技術としての「切る」、「削る」、「接合する」、「穴をあける」、「曲げる」などの、ものづくり手段(加工法)を体系的に学習していく必要があり、これらを学習しながら、ものを作る(一つの作品を作る)工程を考えます。具体的な例を以下に示します。

すなわち、①構想を練る。②主材料を考え、準備する。③補助材料を考え、準備する。④木工具を使う。⑤木工機械を使う。⑥加工法を考えて実行する。⑦組立して、作品(構想を描いたもの)を完成させる。以上のような体系的なものづくり活動を展開することが技術教育であり、これが新しい「創造力」を育成する力となります。しかし、このような技術教育的なものづくり学習プログラムは幼児期、児童レベルでの指導方法、学習プログラム開発などは日本では行われてきませんでした。

幼児期では美術的な造形としての遊びの中での体験、経験を主体とした活動が中心でした。しかし、小学校低学年における生活科では「ものづくり」の指導内容があります。ここでは自然界の中での材料として樹木が含まれてきます。また、生活の中での木材が主材料として登場してきます。

この生活科でのものづくり学習の内容は、幼児期などの最初のものづくり活動の具体的な学習プログラム作成上有効となります。

1・2 小学校教科「図画工作科」「生活科」のものづくり学習

小学校低学年において、小学校の教科で木を使ったものづくり学習に関連すると思われる教科では図画工作科、生活科があります。この教科の学習指導要領における学習目標や学習内容から、関連部分を取り上げます。

図画工作科の学習指導要領での目標と学習内容

❶つくりたいものを自分の表現方法で作り出す喜びを味わう。

ここでいう「自分の表現方法で作り出す」とは、生活体験より体得した技術・技能だけでものづくりを、自分なりに行う活動の意義を重要視している内容が記述されています。

❷材料をもとにした造形活動を楽しみ、豊かな発想をするなどして、体全体の感覚や技能などを働かせるようにする。

身近にある扱いやすいいろいろな材料で、並べる、つなぐ、積む程度の技術レベルで、形の変化を求める造形活動を行わせる。また、はさみや小刀などの身近で扱いやすい道具で手を働かせ、使わせることを指導する内容が記述されています。

❸つくったりしたものなどを見ることに関心を持ち、その楽しさを味わうようにする。

つくったものに興味関心を持って鑑賞し、鑑賞することの楽しさを味わうことができるような力を指導することが示されています。

生活科の学習指導要領での学習目標と学習内容

❶具体的な活動や体験を通して

体験活動のひとつに「ものづくり」があります。体全体で身近な環境に直接働きかける活動や(森へ行った、昆虫を捕った、川や海で遊んだなど)、生活の中にあり、児童の興味関心のある、例えば住まい、自動車、電化製品などのモデル化や疑似化して製作する活動があります。それらの具体的な活動体験を通して、自然界や社会の仕組みを学習することが示されています。

❷生活上必要な習慣や技能を身につけさせ、自立への基礎を養う。

手や体を使い、様々な道具を使ったものづくり活動により、児童自身の達成感、成就感、満足感を体感して自立心を養う指導が示されています。

1・3　木育学習プログラム

動機付け　幼児期及び小学低学年における木を使ったものづくり学習では、生活体験以外の木工技術能力は皆無に等しい状態です。さらに、ものづくり自体の実体験はありません。あるとするならば家庭での母親、父親のものづくり活動を見ての経験や、絵本やテレビ番組での仮想経験が主です。

従って、この時期のプログラム作成では以上のような実態を十分に配慮する必要があり、ものづくり活動への動機付けに重点を置く必要があります。動機付けの例としては、以下のようなことが考えられます。
①個人または集団遊びの対象としてのおもちゃ遊具製作
②生活用具の製作
③物語の具現化の対象としての製作（例えば、ピノキオ、一寸法師、ロビンソン・クルーソー）
④お祭り、クリスマスなどの幼稚園、保育所、学校などでの行事に関する製作

構想を練る　幼児、児童らしい構想を考えさせることは創造性、構想力などの発想の拡がりを持たせ、ひいては学習者の製作意欲を大きくふくらませることとなります。図画工作科の第一及び第二学年では「楽しい造形活動、木などの扱いやすい材料を使い、並べる、つなぐ、積むなどの体全体を働かせて造形遊びをする」と記されています。具体的な構想での指導方法を以下に例示します。
①絵本を見せ、読んでやったり、テレビ番組を見せるなどの教材提示によって、学習者の創造を喚起させる。
②身の回りにある幼児、児童が日ごろ慣れ親しんでいるおもちゃや遊具、生活用具などの実物をお手本にする。
③家庭にあって、生活に役立たせる実用品を想像させる。
④園、学校行事に関して、幼児や児童のものづくり学習活動を想像させる。

使用できる材料　図画工作科では「扱いやすい材料」と記されています。この内容の主材料の

一つに木があります。学習者にとって「扱いやすい」概念はいろいろ考えられますが、適度な大きさ、重さ、手ざわり、身近にある、危険性がないなどです。

自然界での樹木、生活の中で幼児、児童が目にする木材としては住宅資材、生活用具などが具体的な主材料として考えられます。例えば、以下に示すようなものが主材料と補助材料として考えられます。

①主材料
・小枝、中枝、大枝、製材品、木工品及びその廃材
・割り箸、妻楊枝、竹串、建築廃材

②補助材料
・くぎ、木ねじ、接着剤(酢ビ接着剤、ホットボンド、瞬間接着剤)、研磨紙、当木、塗料、絵の具

木工具　木を使ったものづくりのためには、手の延長として木工具を使用して加工します。主材料である木材が最も大きく形状を変化させる「切る」木工具として、のこぎりがあります。一般使用のものは幼児、小学低学年には大きすぎて使用不可能です。従って、小型軽量のものを準備する必要があります。

また、幼児、小学低学年の児童にとって各種木工具を使用する時に、材料を安定させて、強固に固定することは正確さや安全上、最も大切なことであり、各種の万力、クランプ、固定治具が必要となります。その上に木工具の安全で正確な加工のための、手での持ち方(両手、片手を含めて)、力配分、動かし方、視線の位置などの合理的な身体動作を指導する必要があります。この点が従来

の造形教育、図画工作科教育と根本的に異なる点です。
代表的な小型木工具の例を以下に示します。

①切断用木工具　小型両刃のこぎり、小型胴付きのこぎり
②平面仕上げ用木工具　小型かんな、小型やすり
③打工具　小型げんのう、小型かなづち
④けがき・測定工具　小型さしがね、小型ものさし、巻き尺、スコヤ
⑤くぎ抜き工具　くぎ抜き、かじや、くいきり、ペンチ、えんまきり
⑥穴開け工具
⑦ねじ締め工具　プラス・マイナスドライバー
⑧材料固定具　万力、クランプ、はたがね

製作例　幼児、小学低学年の製作例としては以下のようなものが考えられます。
①樹木枝を組み合わせたもの
②板材、角材、丸材などを組み合わせたもの

2　小学校中・高学年における木育とものづくり

小学校中・高学年におけるものづくり活動は遊びと生活実用品へと、二つの学習目標へと移行していく転換期にあります。身体的にも発達し、工具もある程度自由に使用できる体力がついてきま

す。しかも、感覚的にも正確さや科学的な探求ができ、工夫創造する能力も身につけ始めます。そこで、これらの心身発達に対応した学習プログラムの展開が必要となってきます。この転換期にある、ものづくり学習を木育の視点から学習指導要領の中で見ることにします。

2・1　小学校教科「理科」「図画工作科」「家庭科」のものづくり学習

理科の学習指導要領での学習目標と学習内容及び課題

小学校理科の学習指導要領には以下のような「ものづくり」に関連した記述がなされています。

❶三学年で光、電気、磁石に関して「ものづくり」活動をすることによって科学的な見方、考え方を養う。

❷四学年で空気、水、物の変化及び電気の働きと関連づけながら調べ、ものづくり活動を通して、物の性質や働きについての見方や考え方を養う。

❸五学年で物の溶け方、てこ及び物の動きの変化を調べ、見いだした問題を追求したりものづくりをしたりする活動を通して、物の変化の規則性についての見方や考え方を養う。

❹六学年で水溶液、物の燃焼、電磁石の変化や働きを調べ、追求したりものづくりをしたりする活動を通して、物の性質や働きについての見方や考え方を養う。

以上のように、物理領域において「ものづくり」を通しての科学的な見方、考え方を習得するための学習活動が示されていますが、ものづくりの基礎・基本となる加工法や工作法の学習、すなわち、理科工作的な内容はどこにおいても実施されていません。このような現状においては加工精度、安全加工、製作物の構造などの点において、合理的なものづくり活動が行われることは期待できません。

図画工作科の学習指導要領での学習目標と学習内容及び課題

《三学年及び四学年での記述》

小学校図画工作科における三学年及び四学年の学習指導要領では、ものづくり活動に関連した記述は以下のとおりです。

❶豊かな発想や創造的な技能などを働かせ、進んで表現する態度を育てる。

❷楽しい造形活動をして表現する。すなわち、材料や場所、ものをつくった経験から発想したり、話し合ったり考えたりして楽しく表す。

❸材料などから豊かな発想をし、手や体全体を十分に働かせ、表し方を工夫し、作りだす能力、デザインの能力、創造的な工作の能力をのばすようにする。

❹木切れなどの材料や場所の特徴をもとに、組み合わせる、切ってつなぐ、形を変えてつくるなど工夫し、新しい形をつくるとともに、その形から発想して作りだす造形遊びをする。

❺自分たちの作品や身近にある作品、材料の良さや美しさなどに関心を持って見るとともに、それらに対する感覚などを高める。

❻今まで経験した材料や用具、板材などの特徴を生かすとともに、手を十分に働かせ水彩絵の具、小刀、使いやすいのこぎりなどの用具を工夫して使い、絵や立体に表したり、つくりたい

ものをつくったりすること。

以上のように、図画工作科のこの学年においては、工作能力、木、小刀、のこぎりなどの技術的要素や材料、木工具についての記述が具体的に示されるようになってきています。しかし、材料の加工上の性質や木工具の機能と、合理的で安全な使用法が体系的にはまだ示されていません。

「創造的な技能などを働かせ」では、試行錯誤的でも良いので、いろいろ挑戦し、いろいろな造形表現をさせようとしています。また、「創造的な工作の能力をのばす」では技術的な学習要素を連想できる内容が含まれています。さらに、これらの学習目的が「表現する態度」、「工作能力」、「造形遊び」、「感覚を高める」、「表現したり、つくったり」と、美術的な中に多少技術的な内容や目標が含み込まれるようになってきています。

また、「今まで経験した材料や用具、板材……」の記述に示されるように経験則に基づいた学習の上に立脚しており、ものづくり技術を系統的に指導する内容はまだ含まれることには至っていません。

《五学年及び六学年での記述》

❶造形的な能力を働かせ、自ら作り出す喜びを味わい、創造的に表現する態度を育てる。

❷材料、場所などの特徴をもとに発想し、良さや美しさを考え、創造力や創造的な技能などを総合的に働かせて楽しく表現する。

❸材料などの特徴をとらえ、構想し、美しく、創造表現、デザイン創造工作能力を高める。

紙モデルを作成してからの木工作（島根大学教育学部附属小学校造形クラブ活動）

❹形、色、材料の特徴や構成の美しさなどの感じ、つくるものの用途などを考えるとともに、表し方を構想し計画して、創造的な技能などを生かして表現する。

❺また、今までに経験した材料や用具、自分が選んだ材料、糸のこぎりなどの特徴を生かして使い、表現に適した方法などを組合わせながら、絵や立体に表現したり、工作に表したりする。

学習目的が「創造的に表現する」などとなっており「自己表現」が学習の主目的です。技能について、図画工作科における技能は「形づくる能力」を意味しており、工具や機械を操作する意味の技能とは異なる内容として使用されています。

「つくるものの用途など」の表現はやや技術的な内容を含んだものとなっています。糸のこぎり（盤）が具体的な木工機械として登場していますが、木工機械の構造や加工の仕組みなどの技術的なものの習得はなく、使う・表現する手段の一つとして位置づけられています。

小学校図画工作科においては、自己表現を学習目的とした造形活動を主眼に置いているところに、ものづくり活動の特徴が出ています。従って、のこぎりの正確で安全な使用法など木工技能のスキルアップ的な体系的な技能・技術学習は軽視されています。

家庭科（五・六学年）の学習指導要領での学習目標と学習内容及び課題

❶衣食住や家族の生活などに関する実践的・体験的な活動を通して家庭生活への関心を高めるとともに日常生活に必要な基礎的な知識と技能を身につけ、家族の一員として生活を工夫しようとする実践的な態度を育てる。

❷製作や調理など日常生活に必要な基礎的な技能を身につけ、自分の身の回りの生活に活用できるようにする。

❸生活に役立つものを製作して活用できるようにする。

❹製作に必要な用具の安全な取り扱いができる。

❺身の回りを快適に整えるための手立てや工夫を調べ、気持ちよい住まい方を考える。

以上のように、家庭科の学習指導要領の中では、「技能」、「実践的な態度」、「生活に活用できる」、「ものを製作して」、「用具の安全な取り扱い」など「ものづくり」に関連した技術、技能につながるような学習目標が示されています。家庭科では衣食住に関連したものづくり学習との接点が認められています。特に、住についてはを使ったものづくり学習との関連は深く、ものづくりの学習事例としては、実用品を製作する家庭工作などが考えられます。

2・2 小学校各教科での「ものづくり学習」のまとめと課題

このように義務教育学校の小学校教育理科、図画工作科、家庭科の学習指導要領に示されている学習目標や学習内容の記述では、いずれも、ものづくり活動の実体験を伴った必要性を示しています。その、ものづくり活動もそれぞれ教科の特性が表れていますが、実はそれぞれの活動の基盤には、共通したものづくりの技術・技能が存在しています。すなわち、ものづくりの具体的な手段となる、切る、削る、接合するなどの技能を系統的な学習内容で構築していく必要があります。

特にものづくり学習では、各種の材料、道具が多数必要であり、道具や機械の使用法などをその都度、説明指導しながら学習を展開するには多くの手間がかかり、困難が伴います。従って、多くの教科の学習に共通して活用できる「汎用性ものづくり基盤技術・技能」をあらかじめ系統的に指導しておくことが必要です。

すなわち、理科でも、図画工作科でも、家庭科でも使用できる汎用ものづくり基盤技術・技能をひとまとめにして、一つの教科にしておくことが必要です。特に、国語、算数の様な基礎学力の習得と同様に、ものづくり活動の実施においては、このものづくり基盤技術・技能に必要なものとして位置づけられます。

二十一世紀のバーチャル世界を生きていく子どもたちには、リアル世界を人為的に学習させておく必要があります。特に小学校教育にバーチャルではない実体験学習の導入が必要であり、この実体験学習を有効に実践していくためにも、ここで述べる、汎用ものづくり基盤技術・技能を体系的に学習する教科や学習システムが不可欠です。

2・3　小学校段階での学習システム組立てのための要素

小学校教育で学習指導要領に則り、具体的な学習プログラムを作成するためには、どのような要素を考え、どのような視点、どのような材料を準備したら良いのかを以下に示します。

学習の動機付け　学校教育での学習目的や内容をもとに学習の動機付けを考えますと、理科(物理領域)的な内容、機械的な内容の「からくり」的な製作物があります。また、図画工作科の造形表現的な木を使ったものづくりとして、動物、植物、生活などの身の回りのものや、物語、音楽、空想からの発想とオブジェ的な造形のもの。さらには、家庭科的な内容として生活実用品からの動機付けなど、子どもの発達段階に適応した木を使ったものづくり学習は、最も発想豊で広範囲で多彩なものづくり活動が期待できます。学習者の夢、楽しさ、感動、喜びを最も大きな動機付けとして学習を展開させるべきです。

構想を練る　幼児期・低学年から高学年へと学年進行に伴って、理科、図画工作科、家庭科の教科学習は社会性豊かな人格形成も必要な発達段階に入ります。これに伴い社会性を視野に入れた以下に示すような構想も必要となります。

①産業、仕事との関連での構想

②社会的な公共施設との関連での構想
③世代間を意識した関連での構想
④地域社会を意識した関連での構成

主材料・副材料　小学校中・高学年になれば幼児期・小学低学年用材料に加えて、基本的な主材料、副材料を教材とすることが可能となります。すなわち、主材料は構造材（ある程度の強度を持つもの）を意味し、副材料は装飾的な材料を意味します。小学校段階での最適な材料は木であり、段ボール紙、発砲スチロールも挙げられます。副材料としては、身の回りにある種々雑多なものすべてが対象となります。いずれの材料においても加工のしやすさは必須条件です。

それぞれの材料は、個別学習の場合には個人で持ち運びできる大きさ、重量を適正なものとする必要があります。しかし、グループ協同作業学習では大きな製作品を学習課題とすることができ、材料としても二、三人で運ぶことのできる大きさの材料も可能となり、より一層のダイナミック化を図ることができます。その一つが家であり、乗り物などです。

木工具・木工機械　小学校段階では表1に示すような木工具・木工機械の準備と設置が必要となります。

製作品例　小学校中・高学年の製作題材例は幼児期・小学低学年のものを大きくしたり、複雑化したり、精度を高めたものとなります。領域を分類すると以下のように三つに分けられます。

①図画工作科的で造形を目的としたもの

②からくり的で理科（物理）要素を含んだもの
③生活に関連した家具、生活用具で実用性のあるもの

以上の領域においても個別学習、グループ学習によって、その内容を、大きさ、複雑化、ユニット・システム化などの変化を加えることができます。

表１　小学校段階で使用する木工具・木工機械の例

分　類	名　称
1. 切断木工具	・中型両刃のこぎり（18 cm、21 cm） ・中型胴付きのこぎり
2. 切断用木工機械	・小型帯のこ盤 ・糸のこ盤
3. 打工具	・中型げんのう（170 g、225 g）
4. けがき・測定工具	・小型さしがね（30 cm） ・ものさし（30 cm） ・巻き尺（2 m） ・スコヤ
5. くぎ抜き工具	・くぎ抜き ・かじや ・くいきり ・ペンチ ・えんま
6. 穴あけ工具	・四つ目ぎり ・三つ目ぎり
7. ねじ締め工具	・プラスドライバー ・マイナスドライバー
8. 材料固定具	・万力 ・F クランプ ・G クランプ ・はたがね

3　中学校における木育とものづくり

中学校において初めて、最も体系的で、系統的なものづくりの学習が行われます。それは教科「技術・家庭科」（技術分野）における「技術とものづくり」の領域です。現行の学習指導要領は木材、

金属、プラスチックを同列で学習するように変更され、逆に木材の加工の系統性が理解しにくくなってしまいました。従って、ここでは現行の学習指導要領前における学習内容領域「木材加工」を基に、木を使ったものづくり学習の内容を述べます。

3・1　木を使ったものづくり基礎技術・技能の習得

設計の学習　木によるものづくりの設計について、次の三点を学習することとなっています。

❶使用目的や使用条件に即して、製作品の機能と構造について知ること。
❷製作品の構想表示の方法を知り、製作に必要な構想図と製作図をかくことができること。
❸製作工程と作業計画を知ること。

ここで設計、製図の基礎を学ぶことができます。この学習によってものづくりの初段階である製作品の構想を練ることを体系的に学習できます。しかし、構想の基礎にあるのは小学校教育で培われてた図画工作科的な構想力の発揮が期待されます。さらに、構想を製図して、第三者にも構想を伝えることができ、立体表示で構想を表現できます。この学習によって初めて頭で考えた構想を具体的な図面上に表すことができ、製作する以前において製作品を確認することができるようになります。その具体的な図法として、キャビネット図、等角図、第三角法で製作品や部品が表せることを学習します。

材料の学習　木製品の製作に必要な材料について、次の三点を学習することとなっています。

❶木材の特徴とその適切な使用法を知ること。

「全国中学生創造ものづくり教育フェア」(つくば国際会議場)

❷接着剤や緊結材（くぎ、木ねじなど）の特徴とそれらの適切な使用法を知ること。

❸塗料の特徴とその適切な使用法を知ること。

ここでは主材料と補助材料について学習することとなっており、ものづくり活動を行うのに構造を形づくるために必要な、木材の特徴や補助的な材料の特徴と適切な使用法を知ることとなっています。主材料には集成材、合板などの木質材料なども含まれています。ここでの学習内容は科学的であり、工学的な内容も含まれています。ものづくり学習が単なる造形的、工作的なものではなく、木材の組織・構造、材料の強度特性、構造面での構造力学的、さらには美的な要素も含んだものづくり学習となっています。

木工具・木工機械の学習　木工具と木工機械の使用法及びそれらによる加工法について、次の五点を学習することとなっています。

❶木工具や木工機械の仕組みと適切な使用法を知ること。
❷木工具を適切に使い、けがき、切断及び切削などができること。
❸木工機械を適切に使い、切断及び切削などができること。
❹構想図や設計図に基づいて組立てが的確にできること。
❺木製品の用途に応じた塗装が的確にできること。

ここでいう木工具は以下のものです。両刃のこぎり、胴付きのこぎり、かんな、おいれのみ、むこうまちのみ、さしがね、直角定規(スコヤ)、三つ目ぎり、四つ目ぎり、げんのう、くぎ抜き、はたがね、以上一般的に使用される木工具はこの時点で仕組み、加工法、使用法をすべて学習することになっています。さらに、これらの木工具を使用した工作法、すなわち、けがき、木取り、部品加工、組立て、塗装の工程の作業段取りの基本的なことも学習することになっています。

さらに、ここでいう木工機械は次のようなものです。自動かんな盤、角のみ盤、糸のこ盤、ボール盤、ベルトサンダーです。以上の木工機械は作業の安全を考慮してのものですが、基本的な機械加工を学習するためには十分なものといえません。すなわち、基準面を作るという、最も重要な木工機械である手押しかんな盤が含まれていません。

以上の木工機械だけでは木取り、部品加工などの工作法を高い精度で行うことはできないため、中学校教育ではある程度の木取り(切断)をした材料や、部品加工(厚さ、長さ、幅決め)した材料を使用する学習が妥当でしょう。

3・2　中学校教育の意義と課題

中学校段階において初めて、体系的な木を使ったものづくり学習が行われています。これ以降のものづくり教育の基礎基本がここで形成されることを考えますと、極めて、木を使ったものづくり教育においては重要な時期です。したがって、十分な学習時間を確保してものづくりの基礎・基本の定着を図ることが望まれます。

しかし、木工機械による加工においては、手押しかんな盤や丸のこ盤などを用いた木取りと部品加工に必要な木工機械の学習はなく、不十分さが目立ちます。また、手押しかんな盤、丸のこ盤などは危険度も高く、導入は慎重にせねばなりません。安全カバー、押し棒、自動送り装置などの安全装置を備えつけることは当然なことです。最近輸入されるようになった米国製のＤＩＹで使用される、一〇〇ボルト電源の小型手押しかんな盤や小型移動テーブル付き丸のこ盤(安全カバー付き)の、中学校教育への導入は安全面(送る材料の「押さえ」と、「押す」ために使用する二つの安全の手を備えている)、価格面、大きさの点において大いに可能性があります。

3・3　製作の題材

中学校教育段階における製作品の領域は、ほぼ以下に示すものに集約されます。

家庭で使用する小型で実用的な日用品として、例えば、本立て、本箱、ＣＤ・ＤＶＤラック、マガジンラック、パソコンラックのような製作題材です。

大半は「打ち付け接ぎ」による組立てが可能で、簡単な板材加工を中心とした製作品となっています。昨今の授業時間数の削減により、角材加工を取り入れた製作品はほとんど見られません。この角材加工が欠落していることは、製作品のバリエーションを狭めています。

6章

高校・大学・生涯教育における木育

1　高校教育における木育

木を使ったものづくり学習は、高校教育においては専門高校(工業高校、工芸高校、農林高校の一部)以外の教育課程では存在しません。工業高校においては建築科、工芸高校においてはインテリア科、農林高校では林業科や林産科です。また、普通教育課程と職業教育課程の中間的な総合学科の中に一部存在します。いずれにおいても、教育課程は職業教育の中で行われており、普通教育の教科としては存在しません。

また、高校生と同年代を対象として、以前には職業訓練機関において木を使ったものづくり学習が実施されてきていました。これは厚生労働行政機関の職業人養成訓練となっています。このように、高校生年代一五歳からを対象とした木を使ったものづくり学習は大別して、以下の二つに分類されます。

①文部科学行政の教育行政における教育課程

②厚生労働行政の職業能力開発行政における養成訓練課程

1・1　高校における学習内容の適時性

この年代では肉体的にはほぼ成人に達しており、青少年として若さと快活さを満たす学習内容を設定する必要があります。また、ものづくりには長い工程があり、しかも精密さと繊細な注意力の持続も必要です。これらの段取り力、忍耐力、持続力、集中力などのメンタルトレーニングの恰好の教育内容ともいえます。

1・2　専門高校での学習内容

専門高校の中では工業高校の建築科、工芸高校でのインテリア科、農林高校での林業・林産科が該当します。これらの学習内容の特徴を以下に述べます。

工業高校の建築科　この学科では材料を木に限定することなく、広く木造家屋、鉄筋コンクリート建築物など広範囲な建築物のものづくり学習の内容となっています。材料としての木の学習は少なく、構造、設計、施工法を中心とした学習内容です。

工芸高校のインテリア科　この学科では家具、室内装飾などを中心としたものを製作対象としています。その学習内容は木を含めた多くのインテリア材料を学習し、美的で人間工学的なデザイン設計、施工法を学習しています。家具、インテリア設備などの木を使ったものづくり学習の学習プログラムとしては、高校生レベルの木育ものづくり活動に対して十分参考になります。

農林高校の林業科・林産科　この学科では、樹木、木材など木を使ったものづくり学習の材料に関する学習が中心となっています。育林、造林、伐木運材、原木からの製材、木質材料の製造法や材料特性であり、加工法や工作法の学習内容も含まれています。

木育の川上、川下学習の系統性を持たせた自然環境、生活環境の関連で学習するには条件は整っています。

職業訓練施設での学習過程　職業訓練は国、地方自治体、民間企業などで行われています。木を使ったものづくり学習内容に関連した内容に限定して述べます。ここでは材料、補助材料（塗料、家具金具、緊結材など）木工具、木工機械、加工法、工作法、製作物などすべてが体系的なものづくりシステムとして整っています。しかも、職業人として生きていく基本技能が網羅されています。施設設備においても基礎的な工具、機械類はほぼ完備されています。

1・3　普通高校での学習の展開方法と学習内容

普通高校生に対して、どのような学習の機会を与え、どのような内容の学習が適切かを考えることとしました。

普通高校の教育課程では木を使ったものづくり関連の学習は、現状では全く不可能といえます。従って、社会教育の領域で休日を活用した学習についての可能性を探ってみることとしました。大学進学、職業選択などの面から学習の機会の提供を考えますと、大学公開講座、大学出前講座、高

島根大学教養教育の木を使ったものづくり実習
例1 板材加工によるCDラック

大連携学習プログラム、インターンシップでの職場体験など、大学や職場と連携することが必要です。

この場合の学習内容は先に述べた専門学校、職業訓練内容が基準となります。これらから条件にあった学習内容を適宜取捨選択していくこととなります。また、製作品については構想、デザインにおいて学習者一人一人の主体性を重んじ、実生活、産業界などと関わりのある製作目標を設定することが重要です。

2 大学教育における木育

大学教育は専門教育として細分化された専門教育課程から存在していますが、教養教育として大学生共通の教育課程がありますので、この教養教育課程における木を使ったも

島根大学教養教育の木を使ったものづくり実習
例2 角材加工によるおしゃれなテーブル

のづくり教育について述べることにします。

2・1　教養教育での木によるものづくり教育

全国の大半の大学では、教養教育は全学出動態勢で取り組むこととなっています。このような状況の中で教養教育の多様化が進んでいます。以前のような語学、体育、自然科学、社会科学、人文科学といったような分類以上に、現代社会問題を扱う広範な学習領域が設定されるようになりました。

このような改革の中で、環境問題、生活、産業界全般のものづくり活動を実体験型学習を展開することは現代社会において大いに意義あることです。しかも授業形態を「実習」とし、二〇名程度の受講を可能にするためには、木を使ったものづくり教育は大規模な施設設備が必要ではなく、条件的には好都合です。特に男女共同での生活一般のものづくり学習は学生生活とも直接関連があり、楽しくもあり、エキサイティングな授業展開が可能です。これを実行するために、旧帝大を除く全国の国立大学(現在、国立大学法人)ではほとんどが教員養成大学であったり教員養成学部を持ち、技術教育講座があります。この講座はそれなりの実習施設・設備と指導者を有しています。すでに全国の数大学において、教養教育での木を使ったものづくり教育の先進事例があり、学習者からそれなりの高い評価と良い評価を得ています。

この大学教養教育における学習プログラムとしては、授業形態は「実習」であり、作品製作を学習内容とすることが望ましい。しかも、個別対応学習(学習者全員の製作課題が異なっている)が学習者の学習意欲を喚起し、学習の持続に有効です。

2・2 大学教育での学習内容と製作品

一クラス二〇名を対象に学習することを前提とし、学習時間は三五時間を想定します。ものづくりの技術は中学校の技術・家庭科を標準とし、板材加工で「打ち付け接ぎ」を中心として、安全な小型木工機械(電源一〇〇ボルト)加工や、一部角材加工(五名程度以内)を取り入れ、「ほぞ接ぎ」を加えることにより、製作品のバリエーションを拡大させます。また、効率化や精度の向上を図るため、一部大型木工機械を使用させます。このように、学習者が自由に使用できる小型木工機械と指導者が学習者を支援指導するための大型木工機械の二種類に分けておくことも必要です。学習者が木工機械を使用する場合には、定規の準備と位置決め、刃の高さの調整などは学習者自身で行い、電源を入れる時点で、指導者の確認を得てから始動させることを徹底させておくことが、安全作業上最も重要なことです。

材　料　材料は四種類からの選択とします。無垢の板材、無垢の角材、集成材、合板から製作課題によって自由選択とさせます。これら主材料の経費の一部は自己負担とします。また、補助材料(くぎ、接着剤など)は大学のものを使用させ、丁番、取っ手などの家具金具類は自己負担とします。

構想と製図　構想については各自の自由とします。中学生時代は比較的小型の生活実用品の製作経験がありますので、ここでは大型の生活実用品(机、椅子、パソコンラックなど)の構想が妥当です。扉、引き出し付きの製作品も製作可能としますと、学習者は困難を覚悟する以上に学習意欲が向上します。

製図は中学校で学習した構想図をレポートまたは方眼用紙(A4版)にキャビネット図、等角図で描かせます。

加工法・工作法と指導法　けがきについては、直角定規とさしがねによる中学時代の復習で、各自手作業で行います。加工法はできれば機械加工を多用した方が精度も上がりますので、機械加工法の指導は積極的に行う必要があります。木工機械の安全カバー、反発防止爪、押し棒などの安全装置、治具の設置は言うまでもありません。特に、丸のこ盤では移動テーブル付きで、安全カバーを備えたものを使用させます。そして、電源スイッチを入れる前の指導者点検を周知徹底することが必要です。ものづくり学習の場は最適な安全学習の場でもあります。そして、規則を守る態度の育成にも有効です。

二〇名の学習者で各自別々の製作題材においては、指導上の困難が考えられますが、以下のように行うことで、効率化が図れます。すなわち、最初に板材加工と角材加工の二班のグループに分け、別々の指導を行います。この時、一方のグループは自由学習にしておきます。板材加工では接ぎ手はすべて「打ち付け接ぎ」とし、角材加工は「ほぞ接ぎ」で統一しておけば、指導は簡単です。製作題材は何であっても、板材加工では、けがき、木取り、部品加工、接ぎ手加工はすべて共通な製作工程です。また、角材加工も製作題材が何であろうともすべて、製作工程は共通です。これらの工程をグループごとに全員対象の示範指導で行うことにより指導負担の軽減ができます。

組立て、塗装　一人では組立ては不可能ですので、二人一組で行います。初心者や未熟練者には、透明塗装は刷毛塗りではなく、拭き塗り塗装が適しています。ただし、不透明塗装では刷毛塗りまたはスプレー塗装を行います。

3　生涯教育における木育

成人・高齢者における木を使ったものづくり学習は広範囲に及んできます。年代別、性別、学習歴などにより、学習目的、希望製作品など種々雑多であり、指導者はこれらに臨機応変に対応できることが必要となってきます。そのための多様な学習プログラムの開発が期待されます。

また、成人・高齢者が学習できる施設も日本ではまだ多くなく、民間や公的な施設の増設や拡大

大学公開講座卒業生の継続学習グループの作品とみなさん(松江木工クラブ)

が期待されます。また、学校施設の社会開放が一層進展し、維持管理もシステム化され、市民にとって親しみやすく利用しやすい形態の開発が望まれます。社会人である成人・高齢者向けの学習の機会は現在日本では、以下のような場合が考えられます。

①社会教育施設における開講
②専門高校の公開講座
③大学の公開講座、地域開放授業
④ホームセンターなどの講座
⑤自治体、NPO主催の講座

アメリカではDIYが盛んであり、個人の施設で個人が学習できる状態が整っているのに対して、日本では公的な施設を利用しなければできない住宅事情があります。成人・高齢者が一生涯、木を使ったものづくり学習を継続していくための方法について説明します。

「出雲科学館」の継続学習グループ海外研修(アメリカ・エレンズバーグ市内の木工所)

3・1　大学公開講座と地域開放講座

大学、短期大学が成人・高齢者に提供している学習の機会は以下のような企画があります。それぞれの企画がどのような学習内容、学習目標で設定されることが望ましいかを説明します。

大学公開講座　この制度は大学が持っている人的資源、施設、設備を活用して、一般市民向けに企画される講座です。このプログラムは一定の学習時間(木工の場合は約三〇時間程度)で、あらかじめ設定された学習目標と学習内容によるものです。限られた期間で提供される学習の機会である。例えば日曜日ごとの五日間や、週末(土、日)二日間などです。

学習内容は一般的には義務教育で学習したことを基礎にして、復習を兼ねながらその上に新たな学習を積み重ねることを基本方針にすることが妥当です。木を使ったものづくり学習においては製作題材ごとに、椅子製作、机製作などのように、製作品ごとに課題設定することも可能です。

それぞれの受講者は学習歴がまちまちですので、企画する場合には受講者の学習歴の最大公約数的なものを的確に把握し、より多くの受講者が理解できる内容に設定することが必要です。また、木を使ったものづくり学習においては進度差が生じやすいので、個別対応のできる措置も必要です。

地域開放授業　これは、大学における通常の大学生向けの授業を、地域住民に開放した授業です。大学の施設、設備や受講生数に、ゆとりがある場合に開放される学習の機会です。一般的に大学のカリキュラムは体系的(学年進行に従って段階的に高度な学習内容になる)に構成されていますので、中途からの受講は理解できない場合があり、企画者側は受講者への説明を十分にしておく必要があります。

受講者側は、基礎から応用まで広範囲に体系的に学習できる点では、上記の大学公開講座にはないダイナミックな学習が展開できます。学生の受講者がさほど多くない場合には、成人・高齢者の場合は個別対応またはグループ対応で行うことが可能です。

島根大学教育学部の木を使ったものづくり学習は、①木材加工概論、②木工具の調整と使用法、③基礎的な板材加工(手加工)、④基礎的な角材加工(木工機械加工)、⑤応用木工Ⅰ(木工機械加工を中心にした扉、引き出しの付いた家具製作)、⑥応用木工Ⅱ(木工旋盤、木工ろくろ)のような構成カリキュラムとなっています。

3・2　社会教育施設における学習

社会教育施設における成人向けの学習は、大学における公開講座方式と類似した企画方針となっています。すなわち、一定期間（約五日間程度）の講座が多数開講されている場合が多いです。また、イベント的に半日で終了するものや、二時間程度、三〇分程度で終了する企画などもあります。学習内容は初級、中級、上級講座や基礎講座、応用講座などのように木工技術習得別に学習プログラムが設定されていれば、どの企画に申し込めば良いのかが受講者には理解できます。

社会教育施設としては、初心者に対しては受講者の最低既習レベルを、義務教育の中学校の技術・家庭科（技術分野）の内容を念頭に置いて学習プログラムを段階ごとに発展させていくことが大切です。リピーターになればこの施設での学習歴を基に、主催者がガイダンスによって適宜、受講のアドバイスを行うことが必要です。

また、社会教育施設では、各自が講座のない時間帯に参加して、自学自習的な木を使ったものづくり学習ができる場としての提供が必要となってきます。「我が家の木工房」的な存在であると同時に、地域住民の木工コミュニケーションの場として、地域のニーズに応えていく必要があります。

3・3 二十一世紀型の生涯木育教育体制づくり

以上述べてきた大学、社会教育施設における成人向けの学習では、生涯学習社会構築において、生涯を通して木育の木を使ったものづくり教育を継続支援していく体制作りが必要です。

二十一世紀はヒューマンライク(human-like)でハートフル(heart-full)な社会を目指すでしょう。「自然と共生し、人間らしく、人と人が心を通わせるような交流ある社会」構築のために、木育活動が日本中の各地に存在する拠点形成が重要です。そして、このような木を使ったものづくり活動を展開する木育推進のためにも、常駐の指導員が必要です。この指導員は企画力、木工技術力、教材作成力、エンタテイナー力、プレゼンテーション力、豊かなコミュニケーション力、人的資源管理・活用能力などの他にコーディネーター的、ディレクター的資質を備えていることが必要です。二十一世紀の新たな「木育生涯教育施設」として、公共性、ビジネス性を持ち合わせた新たな形態の社会教育施設の登場を大いに期待したいものです。

また、受講者相互による同好会、サークル、友の会のような組織を結成し、施設に認可された形として存在し、規約や世話人を配置した運営ができることが必要です。そして、何よりも自立した学習者が相互に、継続して交流する地域住民活動を普及させていかねばなりません。

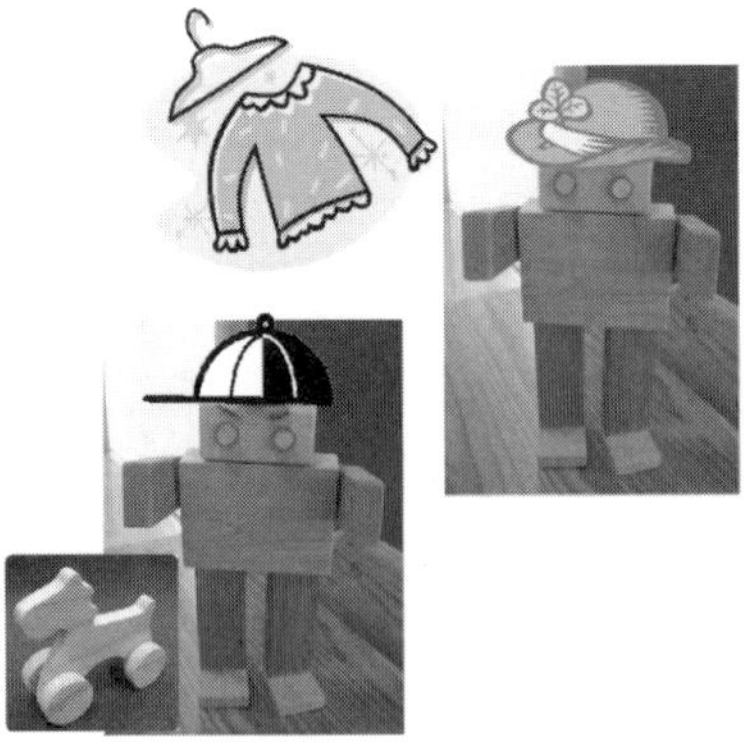

7章　木育に期待される学習効果

1　木を使ったものづくり教育の意義、効果

現在、樹木を伐って製材し、板材や角材にした木材から生活に必要な実用品を作り、製作技術を学ぶ木を使ったものづくり教育は、義務教育の中学校必修教科の技術・家庭科の技術分野で学習することとなっています。

この木を使ったものづくり教育の歴史は優に百年を超す歴史があります。なぜ、このような技術教育での木を使ったものづくり教育（木材加工教育）が百年を超す長期にわたって実施されてきたのでしょうか。この歴史を簡潔にまとめたものに次の著書（山下晃功ら編著、技術研究選書『木材の性質と加工』「序章（宮崎拡道）」、一九六三、開隆堂）があります。それにしても、学校教育の歴史は普通教育

が一八七二年の学制に始まりますが、木を使ったものづくり教育は一八八六年の小学校令に基づく「手工科」が最初です。それにしても、基礎教育の算数教育や国語教育とさほど遜色のない歴史があることに驚かされます。

技術教育は科学技術の変化に伴って、学習内容が変更されるのが常です。このように変化の激しい技術教育の中にあって、木を使ったものづくり教育が百年以上大きな変化がなく継続されてきているにはそれなりの根拠があるはずです。今回、木育という新たな教育活動を実施するにあたり、木を使ったものづくり活動が大きなウエイトを占めることになりますので、この昔から継続して行われている木を使ったものづくり教育の意義、効果について表1のようにまとめてみることとしました。

表1　木を使ったものづくり教育の意義、効果について

木を使ったものづくりの学習内容	学習効果	人間形成・発達段階での効果
①ものの形状を立体的に認識し、それを図で表示し表現して伝える。	・身の回りの生活用具を立体的に認識、表示し、伝えることができる。 ・形の認識ができる。	・ものの形の立体的認識能力 ・立体を平面に表現する能力 ・立体空間の認識と表現能力
②生活に有用なものを具体的に製作することを目的に構想する。	・身の回りにある生活用具の形状の認識を定量的にできる。	・生活空間を定量的に認識する能力 ・身の回りの生活用具の構造、機構、

	・身の回りの生活用具の構造、機構が分かる。 ・自分または家族らの生活向上の構想を練ることによって生活を創造できる。	材料についての認識能力
③自分の身の回りを振り返り、生活用具の製作によって生活向上を図る。また、製作物が廃棄物となったときの自然環境への負荷を考える。	・身の回りの生活用具を工夫して、快適な配置と便利な生活用具を考案することができる。 ・快適な生活空間を、生活用具の製作のための構想によって、生活を創造できる。	・居住空間と空間内にある生活用具とライフスタイルを考える能力(安全、衛生的、健康、快適、楽しい) ・生活を安全、衛生的、快適に過ごせるために、主体的に創造する能力
④製作に必要な材料を計算し、製作のための段取りをする。	・長さ、幅、厚さなどの測定を実物において実測し、ものづくりのためにできる。 ・形づくるための目的を達成するための材料計算ができる。 ・製作物の製作を念頭においた、計画的な準備ができる。	・計測能力を生活に生かす能力 ・実物に即した、計測・計算能力 ・着実な計画性を持つ能力
⑤十分な強度を持ち、実用可能なものを作るための材料の選択を考える。	・生活に使える実用強度を判断できる。	・安全で、丈夫な材料、構造、配置などを考える能力

	・十分な強度のある、安全な材料を判断できる。	・生活に役立つ実用的なものを考える能力
⑥製作のための工程を考える。	・計画的にものごとを進め、実行できる。 ・段階的、具体的にものを形作る計画立案ができる。	・計画的に構造物を形作る能力 ・計画性と実行力
⑦道具や加工機械を知る。	・身の回りにある生活用具の製造の仕組みを考えることができる。 ・自分でものを作ろうとする構想を描くことができる。 ・各種のものづくりの加工技術を理解できる。 ・道具から手加工の基礎・基本を学習できる。 ・機械から機械加工の基礎・基本を学習できる。	・生活用具の構造、仕組みに興味関心を持つ ・ものづくりの創造力 ・道具、加工機械の仕組みを知り安全で、正確な使用能力
⑧切る、削る、穴を開ける、接合するなどの、ものを形作る加工技術ができる。	・道具が機能(作用)するときの力を体感でき、力の作用が分かる。 ・道具では全身を巧みに使った身体動作による加工技術ができる。	・道具を安全に使用する能力 ・機械を安全に使用する能力 ・道具、機械の保守点検のできる能力 ・安全意識を持つ

	・加工機械の優位性を理解できる。 ・道具、機械での危険を知り、危険を回避する安全意識と行動ができる。 ・道具、機械の保守、点検の必要性を知り、保守、点検ができる。	・道具を使う積極性、忍耐力、持続性、注意力 ・身体の動作で、道具を扱う力をコントロールできる能力
⑨ホモファーベル(工作人)としての人間の持つものづくり技術の能力を向上させる。	・道具、機械を使って加工技術を習熟し、必要なものを、自分で考え、自分で準備して、自分の力で完成させることができる。 ・道具、機械を自由に使い、創造的に自分の力で製作活動ができる。 ・「生きる力」の成果を、具体的な技術を使った製作活動で表現できる。	・ものづくり活動を通して「生きる力」の育成力 ・ものづくりの完成まで、忍耐強く行う実行力 ・ものを大切にする、ものを大切に使う心 ・ものづくりを通しての社会参加の意識 ・災害時の応急的な生き延びる力 ・ボランティアとして技術力で参加
⑩外部の脳と言われている手を使って、道具や機械を操作して、材料を目的にあった形状に加工できる。	・巧みに道具、機械を使い、高い精度で材料を加工できる。 ・頭脳で判断したことが、手の動きとして協調動作できる。	・道具、機械、材料を扱い、構造物を作る手の運動能力

⑪長さ、角度などの精度を目標に、加工技術を行い、精度検査をする。	・習熟により、巧みに道具、機械を使い、効率よく高い精度で加工できる。 ・高度な手と頭脳の協調連動の動きができる。 ・部材の精度検査ができる。	・ものごとを着実に行い、正確を求める態度 ・慎重にものごとを点検する態度
⑫組立てることにより、構造物の形、構造を確認する。	・形作ることにより、その製作過程や構造物の構造と仕組を理解できる。	・学習の過程が形になり、学習の達成感、満足感、成就感を感じられる。 ・構想、気持ちを形で表現できる。 ・協力して組立てることによる、協力する心
⑬表面を美しく、丈夫にする。	・丈夫なもの、きれいなものとして、仕上げる方法を知り、できる。	・身の回りを清潔で、整頓できる能力 ・ものを大切にする、ものを大切に使う心

2　社会教育での木を使ったものづくり教育の優位性と木材の教育材料としての優位性

社会教育においてはいろいろな学習プログラムが展開されていますが、その中で学習形態が実習で、しかも生活に密着した学習内容である木を使ったものづくり活動がなぜ、着実に定着し生活者の支持を受けているのでしょうか。私たちの経験においてもすでに二〇年以上、大学公開講座「木工教室」を地域の皆様方に支えられ、実施してきています。また、出雲科学館創作工房（木工）においても開館以来着実に受講者を増加させてきています。

このように社会教育のプログラムとして、木を使ったものづくり活動である木工が、他の学習プログラムと比較してどのような優位性を持っているのかをまとめてみることとしました。

また、次に学校教育や社会教育においてものづくりの学習活動の基礎教材として、木材が使用されてきました。近年種々多様な材料が開発され、教材（教育材料）としても有益で便利な材料が教材として導入されてきています。にもかかわらず、木材は百年以上もの間、教材として継続して使用されてきました。このような長い年月の教育実績の背景には、それなりの優位な根拠があったはずです。その優位性について表2・表3にまとめました。

表2　社会教育としての木を使ったものづくり学習の優位性

学習の優位性	人間形成・発達段階での効果
①学習活動の成果が、製作品という具体的な形で表現できる。	・一つの学習過程を経るごとに、形が変化し、出来上がっていく。この過程ごとの変化がさらなる向上心と持続力をもり立てる。
②学習の成就感、達成感が大きい。	・多くの学習過程を経て、形ができて完成したときの感激、感動、達成感、成就感が大きい。

③適度な身体活動を伴い、ストレスを発散できる。	・手指を使い、前腕・上腕を使い、腰を使う木工作業は適度な身体運動であり、心地よい作業学習の汗をかくことができる。そして、精神的ストレスを発散させてくれる。脳力向上と心身のリフレッシュ効果
④適度な巧緻性が要求される。	・加工技術において、巧緻性と加工精度が要求されるために、精密さ、正確さ、几帳面さの向上が期待できる。
⑤学習者の技術レベルに応じて、学習目標の多様な設定が可能である。	・初心者から上級者まで技術レベルの段階ごとに、学習内容を多様に設定できる。能力に応じた達成感が得られると同時に、さらなるレベルアップの向上が期待できる
⑥生活実用品を学習、製作できる。	・住宅、家具・調度品生活用具など住まいやおもちゃや、室内装飾品など家庭生活で役立つ実用品を学習、製作することにより、家族に喜んでもらえ、家庭生活に貢献できる。家族・社会貢献を体感できる。
⑦老若男女が気軽に学習できる。	・性差、年齢差に関係なく、ものづくり学習を楽しむことができる。協調性、コミュニケーション力の向上が期待できる。
⑧知的、創造的な学習である。	・デザインを考え、計測を正確に行い、構造・用途を考え、精度の高い加工をするなど、知的で頭脳的な創造学習である。創造力の向上が期待できる。
⑨学習成果を公開展示できる。	・完成した製作品を持ち寄って、一般に公開展示し、学習成果を多くの人に見られることで、程良い緊張と刺激を受けることができる。そして、この刺激が学習意欲の持続と向上へとつながる。

表3　木材の教育材料としての優位性

特　徴	説　明
①加工に総合性、系統性と多様性がある。	・木材の加工は大地に根を下ろしている樹木(資源)から、伐採し、丸太原木を製材して板材や角材(一次材料)を加工する第一段階。この板材、角材である一次材料をのこぎりびき、かんな削りをして、厚さ、幅、長さを決める部品(二次材料)に加工する第二段階。 ・のみを使って穴を掘り、欠き取り、接合のために、二次材料を接ぎ手加工する第三段階。接着剤、くぎ、木ねじなどの接合材料によって、組立て加工をする第四段階。研磨紙などで研磨加工する第五段階。最後に、塗料などの表面加工材などを使った、表面加工の第六段階。 　このように、資源から材料、材料から幾多の加工工程を学習して、製作物を作り上げる、ものづくり学習の学習内容に総合性、系統性と多様性がある。
②加工が容易である。	・木材の加工学習は小規模な施設、設備で、手工具を使用して、切る、削る、穴を開ける、接合・接着する、研磨するなどが可能である。しかも、女性や子どもでも一人で加工が可能である。
③身体発達段階に対応した加工動作が含まれている。	・手加工において、簡単な加工動作(小刀で木を削る)から、難度の高いより高度な加工動作(のこぎりびきから、きりによる穴開け)へと、技能発達段階に応じた加工動作の内容を含んでいる。

④実用強度性能がある。	・ボール紙で製作した椅子に人間が腰掛けることはできないが、木で作れば十分な実用強度があり、使用に耐える。
⑤製作題材に多種多様性がある。	・木を使ったものづくり学習の製作題材は、大きいものでは木造住宅、小さなものでは木のおもちゃ。その間の各種の大きさのものとして、机、椅子、木箱などの身の回りで使用する生活用具など、その大きさに多様性がある。また、用途の多様性として住宅、家具・調度品、装飾品、おもちゃなどの幅も広く、学習題材として学習者の学習意欲と興味関心を喚起させることができる。
⑥加工材料として軽く、装飾性、親和性がある。	・大きな材料でも人間の手で持てる重さであり、しかも木目の美しさや材色によって装飾性が高く、手で触れても手ざわりも良く、香りも良くて違和感もなく親和性が高い。
⑦自然環境と生活環境の問題を、ものづくり学習の材料として学ぶのに適した教材である。	・森林資源を通して自然環境を学ぶ教材となり、木材資源によって作られた木製家具などの生活用具の製作を通して生活環境を学ぶ。そして、廃棄物としてのゴミ問題、リサイクルを学ぶ教材となる。さらに、持続可能な循環型資源としての学習教材でもある。
⑧大きさの割りに安価で、材料の入手が容易である。	・一般に木材や木質材料は他の加工材料と比較して、大きい割に安価で購入できる。また、地域の身近なホームセンター、DIYセンター、材木店で簡単に購入できる。

8章 木育の今後の方向性

1 森林・林業基本法及び基本計画と森林環境教育

このたびの「木育」は林野庁の公文書では「木材利用に関する教育活動」と定義されています。しかし、従来の森林、林業に関する学習については森林・林業基本法で明確な位置づけがなされています。すなわち第一七条(都市と山村の交流等)に……「国は、国民の森林及び林業に対する理解と関心を深めるとともに、健康的でゆとりある生活に資するため、都市と山村との間の交流の促進、公衆の保健又は教育のための森林の利用の促進その他必要な施策を講ずるものとする」と記されています。

この基本法を受けて、森林・林業基本計画の中の、第二において森林の有する多面的機能の発揮並びに林産物の供給及び利用に関する目標で、広く国民に開かれた森林の整備及び利用の推進に関して、「森林環境教育の推進」が明記されています。

さらに、第三において森林及び林業に関して、政府が総合的かつ計画的に講ずる施策について、森林の有する多面的機能の発揮に関する施策の中で、都市と山村との交流等で森林環境教育などの推進をうたっています。

この施策の内容を基本法から引用して、以下に記します。

「森林での様々な体験を通じた森林環境教育、森林整備への参加、健康作りや生きがいの場、さらには芸術や文化活動の場としての利用など、体験を通じて森林と積極的に関わる形での森林の利用への国民の期待の高まりに適切に対応することにより、健康的でゆとりのある国民生活の実現に資するとともに、社会全体で森林整備を進めるとの機運を醸成します。

このため、森林と人との共生林を中心に、児童、高齢者、障害者等を含む幅広い利用に配慮しつつ交流環境を整えるとともに、教育、福祉、保健等の分野の施策や森林ボランティア活動と連携を図りつつ、森林環境教育や山村生活体験など様々な体験活動の推進に必要な人材育成、プログラム開発、情報提供、子どもたちが体験活動を行う機会の提供等を推進する。」（森林・林業基本計画より引用）

以上のように、森林に関しての教育は先行し、実施できるような法整備もなされ、基本計画に則り、実施されてきました。その結果、森林環境教育を実施する場の整備も行われ、学習プログラムも充実した内容を有することとなりました。

2　森林環境教育と木育

これに比較して木材利用に関する教育は、今まさにスタートラインについたところです。今まで、全く法整備もなければ、なにもない状態でした。森林・林業基本法にも木育の記載はありません。ただ、京都議定書に関連して、二〇〇五年度から林野庁としての国民運動として「木づかい運動」の取り組みが開始されたところです。この木づかい運動においては、教育的な側面からの展開はあまり意識されていませんでした。それからしますと、二〇〇七年度六月からスタートした木育推進体制整備総合委員会での審議は、その具体的な第一歩です。

では今まで木育、木材教育は全くなかったのかといえば、そうともいえません。学校教育では明確に木材の加工教育が中学校教育の中で存在していました。その反面、森林教育は学校教育の教育課程としては義務教育には存在していませんでした。森林環境教育と木育とは対照的です。

木育は学校教育以外では森林教育、森林環境教育の一部として、イベント的に木工教室が行われていました。このイベント木工教室では学習目標、理念など確固たるものがあるわけでもありませんでした。その学習の場所も不十分なところで、細々と行われていただけです。

日本は昔から「木の文化」の国と言われ、身近に木材が豊かにありました。木造住宅、木製家具、木製建具、木製遊具、木製生活用具、木の燃料などです。その時代においては環境問題など存在しなかった自然環境の良い時代であり、持続可能な循環型社会がシステムとして立派に存在していました。森林環境教育も木育も必要のない時代でした。

行政的に先行した森林環境教育と連携を取りながら、木材利用の教育活動を早急に充実することが国家的にも急務です。森を育む木材利用に関する教育活動(木育)が、日本国民の間に普及していく具体的な行動計画や学習プログラム、各種の教材作成が必要でしょう。それと同時に、木育学習の場の整備、充実、木育インストラクターなどの指導者養成も急務です。

3 木育における「木材利用」と「教育活動」

木育における「木材利用」の意味、中身について考えてみましょう。おそらく次の三つの内容などを含んでいるでしょう。①木製品(住宅、家具、おもちゃなど)を購入して、生活の中で利用する。②木材を切ったり、削ったり、穴を開けたりして木製品を製作する、木を使ったものづくり活動(木工)として利用する。③木材を紙、炭などとして加工して利用するなどが考えられます。

木材利用に関する「教育活動」の解釈としては「消費者教育」、「木を使ったものづくり教育」、「資源教育」、「環境教育」などと言い換えて解釈することができるでしょう。

消費者教育においては、なぜ木製品を買って、生活の中で使用することが地球環境に良いのでしょうか。木を使ったものづくり教育ではなぜ木を使い、木工技術を学ぶことが地球環境に良いのでしょうか。木を産業活動や生活のための資源として使用することがなぜ地球環境に良いのかを学習する教育活動などが考えられます。

いずれにしろ、木育（木材利用に関する教育活動）は広く解釈のできる用語であり、広い視野から解釈していくことが必要です。

4　木育施設の充実とネットワーク化

すでに述べましたが、全国木材利用普及施設連絡協議会（木普協）によれば、全国木材利用普及施設は北海道から九州まで全国に一五施設あります。さらに、木工体験施設としては、海青社出版の著書「ものづくり木のおもしろ実験」（二〇〇五年発行）巻末資料によれば全国に一〇四施設があります。さらには、全国の中学校には必ず木工のできる技術室があります。木育活動常設の学習の場としては、これらの施設の活用が期待できます。

しかし、木普協を除いて、従来これらの施設の相互連携はなく、指導者相互の情報交換、連絡協議会なるものも全くない状態です。木育の推進を機会に、全国数カ所の施設を拠点木育施設として充実させ、全国の各施設とのネットワーク形成が急務です。

また、全国各地にある中学校の体育館や屋外運動場などは社会体育の振興のために、社会開放されているところが多く、地域にとっては貴重な社会施設です。これを前例としながら中学校の技術室も社会開放され、地域住民の木工房として木育振興の一翼が担えるようなシステム作りが必要です。

「くりんぴーす」の中の木工施設「修理再生室」

5　全国リサイクル啓発施設との連携と活用

全国のごみ処理施設に附設してリサイクル啓発施設があります。全国でもその数は多く、「リサイクル都市日本一」を唱えている松江市においてもリサイクル啓発施設「くりんぴーす」があります。そこには修理再生室（木工室）があります。そこでは木製家具、建築廃材、樹木剪定枝などの木材がリサイクル資源として多数あり、一般生活者へ木製家具の修理技術指導、子どもたちへの廃材活用の木工教室、粗大ゴミで出てきた木製家具をスタッフが修理再生して、バザーで販売するなどの活動を行っています。

環境行政の一貫でこのような木材、木製品のリサイクル啓発施設が全国でも多数設置されていますので、木育活動の拠点として連携を取りながらネットワークを構築していくことも木育普及促進

「くりんぴーす」での修理再生された木製品の展示

のためにも必要な視点となります。

ただし、ここでの学習プログラムも初歩的なリサイクル木工技術レベルで止まっているために、経年的には目新しさ、発展性がなく、利用率も低いのです。指導者(スタッフ)もそれなりの研修を受けたりしていないために、企画力、コーディネート力、プレゼンテーション力、コミュニケーション力不足などの課題を含んでいます。木育インストラクター養成講座では、このようなリサイクル啓発施設での指導者も対象とした講習、研修会の開催が必要でしょう。

6　木育のもう一つの目的

一般生活者はすでに「木の良さ」、「木材の良さ」は知っている、理解しているという話を良く聞きます。確かに、私の身近でも「木は良いねー」という言葉を聞きます。一般生活者はどこでこの知識を得て、どのような点で木の良さを理解しているのでしょう。木の香りは良いね、木目が良いね、手ざわりは良いね、優しい材料で良いね、自然の材料で良いね、など感性的に、また、表面的にその良さを口にします。このことは我々木材屋にとっては、心強い味方であり、感謝せねばなりません。

しかし、買ってはくれません。安いプラスチック製のものを買ってしまい、割高な木製品を購入してくれません。少々高くても買ってくれるようになって欲しい。こだわりを持って欲しい。真の価値を理解して欲しい。木の良さをもっと心底理解して欲しい。どうしたら心底理解し、こだわりを持ってくれるのでしょうか。

マスコミの影響力は大きい。全く意識のなかった人に、木の良さを初歩の段階で理解してもらうには最高の手段です。しかし、情報提供する映像、音声などはバーチャルな木の良さになってしまいます。これから一歩前進した、リアルな木の良さを理解する必要があります。そのためには何が必要なのでしょうか。こまめに地道にリアルな木に触れるだけではなく、あらゆる手段を講じて木をより深く理解させる方法を取ることが必要です。その中に木工があり、木を使ったものづくり活動があり、生活の中で木、木製品を恒常的に身近に使っていくことです。

7　国民の大多数は、「木の良さ」をすでに理解している？

先ほど述べたとおり、「木は良いね」、「木材は良いね」という会話はすでに市民権を得ています。

しかし、木のものを買おうという購買(実需)にはなかなかつながらないのが現実です。このことは本当の木の良さを知っていることになるのでしょうか。

では、国民が「木は良いね」と理解している理解の内容、程度はどのようなものなのかが問題ではないでしょうか。ここで言う「木」は、「樹木」であるような「木材」であるような曖昧なもののように思えます。また、木は触れて気持ちが良いなどと感性的に良いと感じているのではないでしょうか。小学校では本格的な木材の良さは学習していません。中学校の技術・家庭科の技術分野の木材の加工で学習している程度であり、マスメディアでもあまり情報量としては多くはありません。

しかし、緑・森・樹木の大切さはマスメディアを通して、映像で頻繁に情報提供を行っています。この情報量は木の場合とは比較になりません。このような情報提供の中で、一般生活者は「樹木の良さ」と「木材の良さ」を混同して理解しているように思えます。また、従来の森林・林業基本法や基本計画の中には森林環境教育の必要性が述べられていましたが、木材環境教育の必要性は述べられてきませんでした。今回の基本計画において初めて「木育(木材利用に関する教育活動)」の必要性が明記されたことは、木材の良さ、木材利用の意義が国民理解を得られる点では、大いに評価できることです。今こそ、持続可能な循環型社会形成に向けて、木材の利用が自然環境や生活環境の両面の健全化にとって、極めて重要であることを世に大いに訴えていく必要性があります。

そして、木材は良いね、木製品は良いねとの理解が科学的で、実体験的にも理解でき、より一層強い「木の良さ」理解を深める必要があります。そのためにも木材科学による知識習得や、木を削る、木を切るなどによる木によるものづくり活動(木工)を体感し、深化した「木の良さ」、「木材の良さ」の理解が必要です。

8　木材を「調理」

木材の良さを理解するのに、ここでは「食材」と「木材」を比較します。食材の野菜では生のままや、煮たり、揚げたり、さらには、各種の調味料を加えて味付けします。このように「調理」しながら食材の特性や変化を知ります。そして、最終的に味わうのです。このようなプロセスを経て、野菜(食材)をより深く理解していきます。

私たちは木材の良さをどのように体得してきているかといえば、例えば木に触れることです。この場合には全くの白木ばかりではありません。木製家具の大半の場合には塗装が施してあります。従って、真の木肌には触れる機会は少ないのです。

私たち現代人は、真の木肌の白木の感触から木の良さを感じ取る確率も少なくなってきています。これでは真の木の良さなど理解できるはずがありません。そこで、真の木の良さを理解する方法として料理の調理になぞらえて考えてみましょう。

木を切る、木を削る、木を割る、木に穴を掘る、木を欠き取るなど、のこぎり、かんな、のみなどの木工具を使い、刃物が感じる木の抵抗を体感し、かんなくずから出る木の香りを感じ、かんなくずの木の繊細な性質を感じ、削り出てきた美しい木目や色を感じながら、木材の形を変化させていきます。そして、構想を描いた作品に一歩一歩近づいていきます。まさに、料理の調理法そのものです。おいしい、香りの良い食べ物が一歩一歩できていくのです。

冷凍食品では感じられない、食材の特性を調理で体感、体得していくのです。木材で言うならば、冷凍食品はできあいの木製家具の購入、工場生産による工業化住宅の購入です。現代社会では手間暇のかかる、煩わしくもある調理を、楽しく、気軽に、初心者でもできるシステム作りが必要です。木育学習プログラム作成では、このような視点から木材の調理法を考える必要があります。全国各地にある料理教室やクッキングスクールなど明るく、楽しい、親切な学習の場が大いに参考になります。今後魅力ある木育木工スクールの設置を期待したいものです。

9　伊勢神宮の式年遷宮と持続可能な循環型システム

三重県伊勢市にある伊勢神宮では過去二〇年に一度ずつ、周期的に社殿を新造していることは、皆さんもご存じのことと思います。

このことを建材資源(木材)、人的資源(宮大工及び木造建築技術)の循環の視点から考えますと、大いに現代社会においても考えさせられるものが多くあります。社寺建築の資材は大半が木材であり、その建築資材は計画的に植林され、育林されてきています。しかし、建築物は資材だけあっても、形にはなりません。社寺独特の建築技法が継承されていかなくてはなりません。また、図面だけが残っても形にはなりません。

すなわち、宮大工という技術者が存在し、道具が存在し、その道具や機械を使いこなして、建築材料を加工し、接合していかなければ社寺の形が現れてこないのです。この人的資源の継承とこれらの宮大工が伝統的な社寺建築の技術もあわせて継承されていかなければ、伊勢神宮の式年遷宮は継承されていきません。

現代社会においては、新たな材料の出現によって、技術は進化し、職業人の必要な技術力も変化しています。このような変化のスピードの早い時代において、式年遷宮が建築材料である木材の計画的な再生産、宮大工という技術者と技法の継承はまさに、「資源」と「人」と「技術」の三位一体持続循環システムのモデルケースと言えます。

しかし、優良木材でできている社寺を二〇年ですべて建て替えてしまうのは、庶民の木造住宅に当てはめて考えてしまうと、何か「もったいない」感じもします。庶民の木造住宅では改築、修理によって住宅の持続可能な循環を行っていかなければなりません。そのためにも木材の再生産は言うに及ばず、修理再生のできる木造建築技術を保有している大工の存在が必要です。しかし、現実は新築より難しいと言われる改築、修理のできる大工が年々減少しています。

木育を考える時にもこのような「木工技術の継承」の視点からの学習が必要です。

9章 木育学習プログラム

木育を全国に普及させていくには多様なプログラム開発が必要になってきます。ワークショップ、展示会、シンポジウム、フォーラム、講演会、学習成果競技大会、短期体験活動、長期体験活動など多種多様な企画が必要です。これらのプログラムによって触発、啓発された国民が高いモチベーションを持って、日常生活の中で木育を実践し、活かしてもらうことが重要です。そのように恒常的な行動につながるような木育学習プログラムはどのようなものがあるのかを考えてみましょう。

1 ワークショップ形式のプログラム

小規模な研修会形式で、せいぜい二〇名以内で、小さな実験、実習、演習などの実体験型を取りながら、講師と受講生がフランクな会話、意見交換、質問などをしながら、課題に向かっていくも

木のサイエンスショー（出雲科学館サイエンスホール）

のです。これらの形式でできる木育関連のテーマを以下に掲げてみます。

この木何の木……樹種鑑定（児童、生徒、成人対象）

　だれしもが、身近に使用されている木材や木製品の名前（樹種名）は知りたいものです。材鑑を使用した樹種名当て、身近な木製品の樹種を鑑定します。肉眼レベルがあったり、顕微鏡下であったりしますが、それぞれの樹種の色、木目模様、細胞レベルでの組織構造の特徴を観察しながら、樹種鑑定を行います。これらにより樹木と木材の理解を進化させる効果が期待できるプログラムです。

　このプログラムの講師陣には大学教官、公設試験研究機関の研究員、長年の経験のある製材技術者や建築大工、指物大工らの技術者が可能です。

木のサイエンスショー（児童、生徒、成人対象）

身近に使用されている木の科学を楽しく学習する

プログラムです。いろいろな樹種の木を叩いて、その音色の違いを科学します。水に良く浮かぶ木と沈む木はどこが違うの。丸太から板材を木取ると取り方によって、木材組織的にどうして木目模様が異なるのかなどを、小実験などを取り入れて行います。ある時には洋菓子のバウムクーヘンを使ったりするのも効果的でしょう。小規模なワークショップとしても実施できますし、大規模なサイエンスショーとしても開催が可能なプログラムです。出雲科学館でのサイエンスショーの様子を写真で紹介します。

木の家具の構造と選び方(児童、生徒、成人対象)　生活者は意外にも、身近にある木製の家具の構造を知りません。どのような材料で、どのような構造で組立てられているのかというような技術的なことは、教えられていません。職人(技術者)がどれだけ精魂傾けて、高度な技術で製造しても、その経済的価値は生活者には理解が難しいものです。

無垢の木の材料、MDF(中密度繊維板)、集成材などの材料のことや組接ぎ、ダボ接合、打ち付け接ぎなど、どの接合法で部材が接合されているのかなどを商品の市場価格などと対比させながらワークショップを行いますと、興味あるプログラムとなります。

また、家具の表面の塗装に関しても最近生活者の興味の的でもあります。特に天然塗料か合成塗料かなど健康志向の塗料に人気があります。

木造住宅・インテリアの構造と選び方(児童、生徒、成人対象)　住宅の構造は一般生活者にとってはあまり興味のない領域でした。しかし、一級建築士の手抜き設計マンションのニュースや住宅メーカーの耐震構造の新聞、テレビの宣伝などにより、住宅の構造というハードな面への意識はかなり高まってきました。

しかし、どうも強度に関しては女性には気の向かない、気のすすまない領域のようです。やはり、色、デザイン、健康、美しさ、間取り、快適さ、利便性などの方に気が向く傾向が強いようです。

一方で住宅の構造がいろいろ改善、工夫されて高度化し、複雑になればなるほど住宅の「ブラック・ボックス」化が進行することが心配されます。また、住宅の「ビジネス・ホテル」化、すなわち、「寝るだけの空間」化の進行も心配です。

このような社会傾向の中で「地球環境と木造住宅」、「健康・木造住宅」、「手づくり・木造住宅」、「人間らしい生活空間の木造住宅」、「森に住む・木造住宅」、「マンションで・森に住もう」など矛先を変えた標語で、木造住宅やマンションの内装空間を演出しながら、住宅構造、インテリア材料などの建築ハードを「分かりやすく」、「環境・健康に良く」、「おもしろく・楽しく・美しく」学べる学習プログラムの作成が必要です。

従来の住宅メーカーの「モデルハウス」方式の生活者へのアピールも、すでに峠を過ぎ、次の新たな住宅展示方法を見つけなければならない時代を迎えています。

特に、子どもや青少年、女性層に住宅のおもしろさ、楽しさを訴える必要があります。子どもの日に、将来何になりたいですか？　というようなアンケート調査結果がニュースになっていました。例年ベスト一〇に、大工さんが入っていました。子どもたちは家造りが好きです。この夢は大

木の名前ビンゴゲーム(日本DIYホームセンターショー2006会場、幕張メッセ)

人になってもDNAは残っているはずなのです。

木のなんでも相談、木づかいなんでも相談(児童、生徒、成人対象)　これはすでに(財)日本木材総合情報センターが電話相談、インターネット上で窓口を開いて行っています。この先行事例を参考に、相談室をワークショップ会場で開催するものです。相談員が随時相談者の質問に答える形式であり、相談員を配置すれば準備ができますので、準備に手間取らないプログラムです。

木の名前ビンゴゲーム(児童、生徒、成人対象)　楽しいビンゴゲームを利用して、いろいろな樹種名(カタカナ、漢字表記)と樹木や木材に由来する用途、各種の特性などを解説しながら、ゲームを楽しみ、ビンゴが一〇名出るか、または二五分経過するまでカードを引きます。この企画はワークショップとして小規模でもできますが、大規模で実施することも可能です。木の名前ビンゴゲームは商品化されていない手作りゲームですので、ゲームの制作に時間を要しますが、一度制作してしまえば何度も使用可能なものとなります。ゲーム感覚のおもしろいプログラムです。日本ＤＩＹホームセンターショー二〇〇六会場の幕張メッセで行っている様子を写真で紹介します。

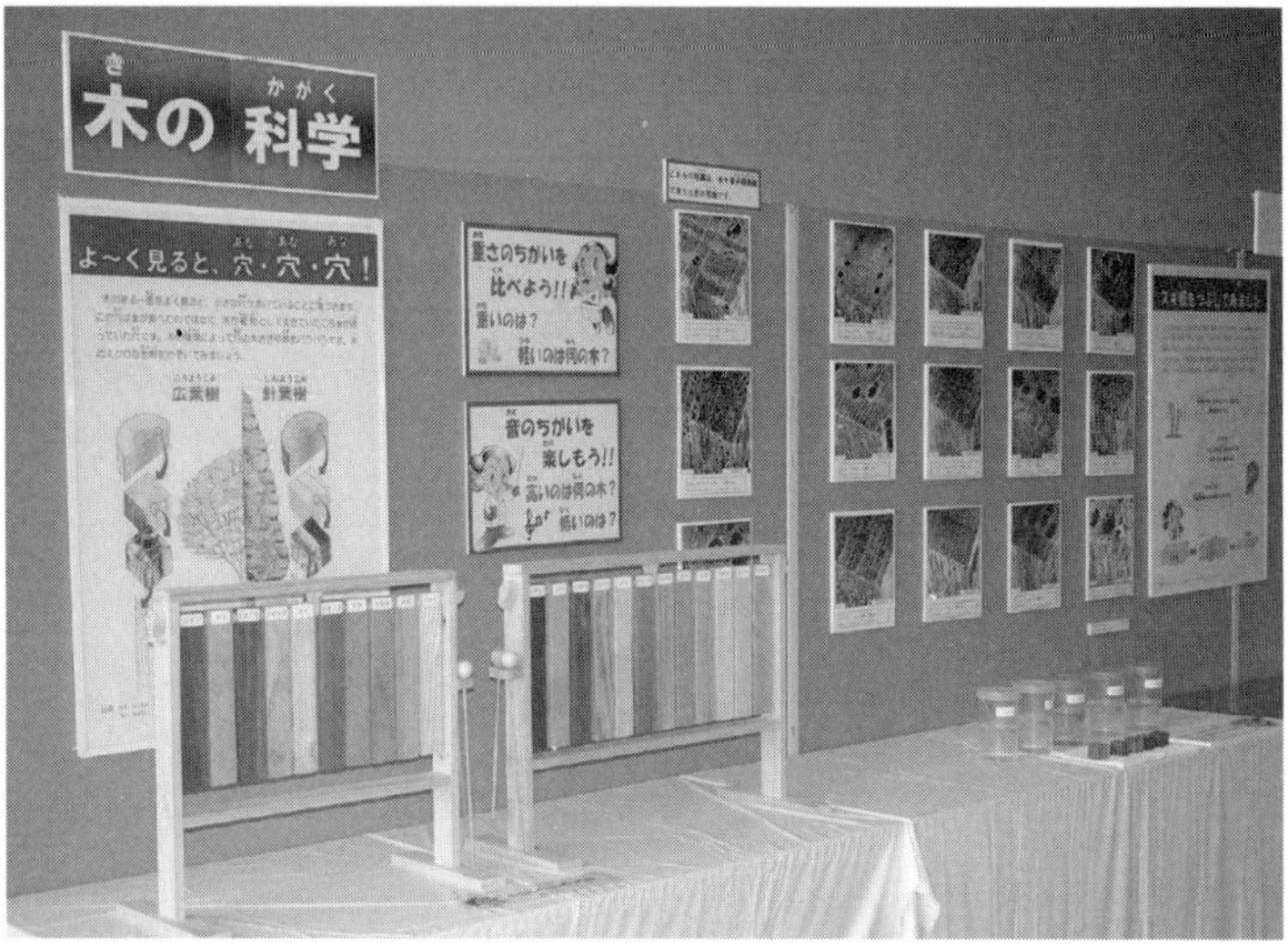

出雲科学館・特別企画展「樹と木の物語」の「木の科学」コーナー

2　特別企画展「樹と木の物語」――児童・生徒・成人対象

この企画は、各種の掲示物、標本、現物作品などの展示による学習コーナーです。森林にある樹木と生活の中にある木材、木製品へと、川上から川下へとつないだ系統的な学習展示です。この展示は森林環境教育と木育（木材利用に関する教育活動）を理念的につなぎ、それをパネル展示、実物や実物見本などで具体的につないでいくものであり、考え方を具体化できる有効なプログラムで

出雲科学館・特別企画展「樹と木の物語」の「こんにちは樹の赤ちゃん」コーナー

す。出雲科学館における、この特別展示の様子を写真で紹介します。

特別企画展は各種のテーマを掲げて大規模、中規模、小規模といかようにでも企画が可能です。展示物、掲示物などは各種団体から借用したり、独自で制作したりして準備することとなります。樹木、森林、木材関連の公設試験研究機関の広報、情報、普及担当部署では展示資料、研究資料などの貸し出しも行っているところがあり、協力依頼をして、円滑な実施体制を執ることがプログラム作成上必要です。

3 木のおもちゃ、パズル、クラフト展——幼児・児童・生徒・成人対象

全国の国産材による木のおもちゃ、パズル、クラフトを一堂に集め、展示即売、遊べる空間も兼ねた展示会とします。これには業者の協力を得て

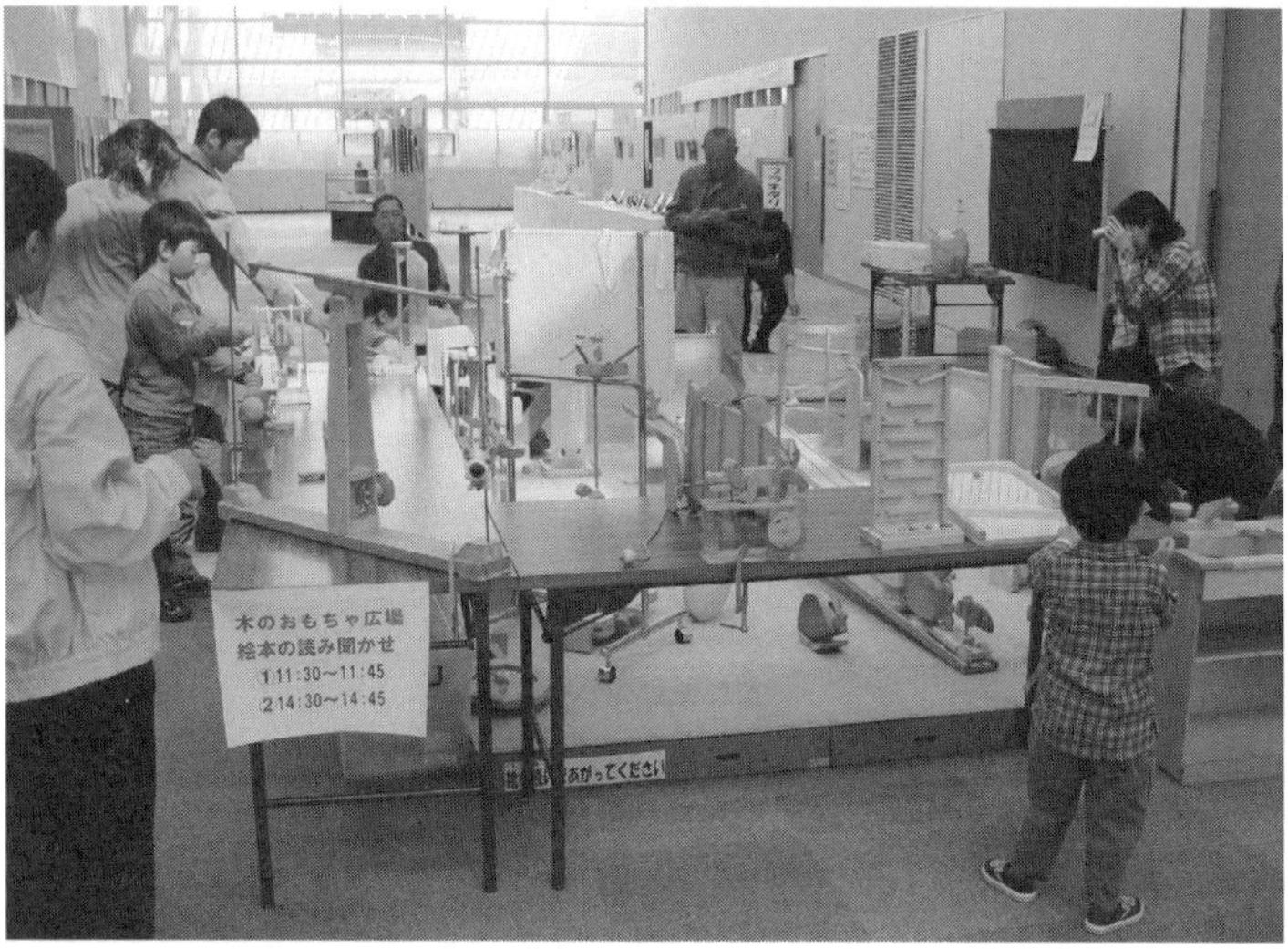

木のおもちゃ展

の開催となります。

幼児教育研究者、指導者、知育玩具デザイナー、クラフトデザイナーによる木育に関連した講演会をあわせて実施することも有意義なプログラムとなります。

４　木製家具、日用木製雑貨、木製インテリア、木質建材展――成人対象

全国の国産材でできた良質なハイセンスな木製家具、日用雑貨、インテリア用品の展示即売。木材科学研究者、木工家具作家、インテリアコーディネーター、建築家らによる木材、木質空間をテーマに木育に関連した講演会、ワークショップなどとの連携プログラムも考えられます。

5　全国木工体験施設情報展――児童・生徒・成人対象

全国木材利用普及施設連絡協議会加盟の施設や、その他の民間も含めた木工体験施設に関する、施設、設備の紹介、指導者の紹介、各種木工プログラムの紹介、製作作品の展示を中心とした情報提供するプログラムです。

全国には小規模ながら公設、民設あわせて数多くの木工体験施設、木工房があります。これらの施設は横の連携は全くなく、孤立した施設として活動を行っています。そして、一部のメンバーの固定客の利用によって支えられているのが現状です。

近年はコミュニティー木工房や趣味として、住まいの維持管理として、児童ものづくり遊び能力開発、女性木工ものづくり能力開発、シルバー木工能力開発などとして、ものづくり活動の新たな期待が出てきました。ビジネスとしても新たな分野として、都会での団塊世代を対象とした高品位の木工房の登場がニュースとなっています。

木育においては、これらの施設の横の連携を構築し、木材利用促進、木の文化の向上、人間・木を使ったものづくり能力開発、井戸端会議ならぬ地域コミュニティー交流の場の構築など大きな国民運動に盛り上げていくための全国連絡協議会の設置と共に、全国木工体験施設情報展を開催して、多くの皆さんに身近に木育の拠点の存在を知っていただくことが必要です。

6 教材総合展――生徒・成人対象

国産材と木質材料、大工道具、ＤＩＹ用品一式、電動工具、小型木工機械、大型木工機械、教材教具、木育関連書籍などの展示即売展のプログラムです。

木材利用に関する教育活動を実施するためには、材料、道具、機械などが必要です。それらをどこで購入し、どの程度の予算が必要になるのかなど、一般生活者はそのよりどころをホームセンターに置いているのが現状です。

しかし、ホームセンターではどんな木を選び、どんな材料でどのようにものづくりをすれば良いのかなどの親切な指導や情報を得ることができません。これらを補うのがこの総合展の目的です。

当然、前出の「木のなんでも相談」や「木づかいなんでも相談」などのコーナーも設置して、生活者の相談窓口を設けることが必要となってきます。

7 木造住宅サイエンス＆テクノロジーショー――生徒・成人対象

木材の最大の消費量を占める木造住宅を木育の考えに則り、興味深く、分かりやすく、美しく、楽しく学べるプログラムにすることが緊急の課題です。住宅展示場は「見る」だけの世界です。「叩いてはいけない」、「触ってはいけない」、「跳ねてもいけない」、「手袋を着けて入場して見学してください」などなど、禁止条項の多いのが住宅展示場であり、説明員が最後にアンケートを書いて！

と頼んできます。もっと、別の展示法がないものでしょうか。

木造住宅をもっと身近に感じ、木材をもっと親しく感じられるようなプレゼンテーションはないものでしょうか。このような視点から、新たな木造住宅のサイエンスとテクノロジーと環境を一般生活者に提示できるプログラムの開発が期待されています。

木造の仕組み・構造、木造の快適さ、木造の美しさ、木造の強さ、木材の良さなどを木材科学的に、構造力学的に、耐久性的に、造形美的に、環境学的に木材科学と木造技術と木造デザインを総合した学習プログラムの作成が必要です。

8　木工技術の診断——児童・生徒・成人対象

木育を推進させるためには、少なからず木工の技術の習得が必要です。高度な木工技術を身につけている各分野での技術者がその技を見せるワークショップのプログラムです。

木造・木工継ぎ手や接ぎ手を製作する技を見せながら、かんな削り、のこぎりびき、のみによる穴開け、組み手加工などを見せます。そして、なぜ、それらの継ぎ手や接ぎ手が建築、木工品に必要なのかを解説します。さらには仕事の醍醐味、喜び、苦しさ、楽しさなども語ってもらいます。

参加者も木工の技が上達するように、『「木工の技」診断コーナー』を設けて、自己の木工技術を診断してもらい、上達のための指導を受けるコーナーを設置して技術者と生活者が相互交流できる場を持ったプログラムの作成が必要です。

9　木育啓発のシンポジウムと講演会――成人対象

学校・社会教育関係者、消費者団体代表、環境ＮＰＯ代表者、ホームセンター代表、全国工務店組合代表、木工体験施設代表、木材組合代表、ＤＩＹ団体代表らをパネリストにしたシンポジウムです。

木材利用に関連した教育活動に関して、現代社会における木育の必要性を人間形成、生活環境などの面において、どのような効果が期待できるか。具体的に家庭、学校、社会においてどのような内容の教育活動を展開したら、社会の支持が得られるのかなどについて話し合います。

幼児教育、木材教育、木工教育、学校教育関連の研究者、教育実践者を講師とした木育啓発のための講演会の開催。

10　学習成果競技大会――児童・生徒・高校生・大学生対象

小学生、中学生、高校生、大学生らに対する自然材料である樹木、木材を素材とした、造形力、木工技術力を競う競技大会です。木材利用においては木工技術力、構想・デザイン力、環境対応力などが必要であり、これらの力の育成は特に将来を担う青少年に対して必要となってきます。

学校教育のみならず、社会教育の場で学習し、習得した能力をお互いに競い合い、高め合うための学習成果競技大会の実施です。これらの競技大会を通じて青少年の交流の輪（青少年・木育の輪）

の形成と育成を促進するプログラムです。

この学習成果競技大会の構想を考える参考例として、全国中学生創造ものづくり教育フェアでの『めざせ!!「木工の技」チャンピオン』の実施があります(74ページ写真参照)。これらの先行例を参考に樹木、木材を競技材料として木育の趣旨に沿った競技大会プログラムを開発する必要があります。

11　樹木と木を使ったものづくり形式のプログラム

樹木、小枝、中枝、板材、角材などの材料を使って、ものづくり活動を中心とした学習プログラムを以下に紹介します。

ネイチャー・野外活動&ゲーム(幼児、児童、生徒対象)　自然、生物材料である樹木や木材を使用した野外での活動、ゲームを通して、自然を体感し、人と人のコミュニケーションを豊かにしながら木育の大切さを知る、樹木や木材をより身近な材料として認識するためのプログラムです。実例としては樹木遊び、樹木サイエンス活動、樹木名当てゲーム、樹木種子当てゲーム、小枝工作活動など多くのプログラムが考えられます。

ツリー・ハウス(幼児、児童、生徒　成人対象)　樹木を中心に住まい作りを幼児、児童、生徒、成人などそれぞれの世代に応じた夢をツリーハウス製作を通して体験するプログラムです。

ツリー・ハウスから木造住宅へ、自然環境(川上)から生活環境(川下)へのつながりの向上が期待できます。また、木造住宅が自然と一体化した住まいであることの概念を、ツリー・ハウス製作の実体験を通して期待できるプログラムです。

木のおもちゃ遊び（幼児対象）　幼児期から体感的に木に親しむことを目的とするプログラムです。木によるおもちゃ、小枝、端材など素材をそのまま与えてた自由な遊びがプログラム内容となるでしょう（23ページ写真参照）。

木工工作遊び（幼児、児童対象）　木にくぎを自由に打たせて造形的な遊びや、巧緻性向上を目的とした遊び。さらには、この木工作遊びにバリエーションを持たせ、のこぎりびきやかんな削りなどを組み合わせたプログラムもすでに実施されています（28ページ写真参照）。

この場合には単なるものづくり活動ではなく、空想、夢、物語の実現や発展のためのものづくり活動と位置づけることもできます。すなわち、ピノキオを例に取れば製作者の描くピノキオを作ろうとしたり、ロビンソン・クルーソーが離れ小島に漂着して、木で何を製作して生き延びれば良いか、などの設定が可能です。

小学低学年向け・木工教室（児童対象）　小学校教育課程（生活科、図画工作科、理科、総合的な学習の時間）で学習する樹木、木材の利用・活用した学習内容を習熟させ発展させ、さらには補完させる木育プログラム開発が必要です。小学校低学年では実体験型の学習は有効な学習形態であり、教材としても木材は学校教育としての使用実績は長く、その基盤に立った木育プログラムの開発は比較的容易なものとなるでしょう。製作題材は生活実用品よりは遊びの対象となるようなものが望まれます。

樹木、木材を主材料に使用するならば小枝や端材などによる自由形状の材料による製作プログラムが好まれます。

小学高学年・中学生向け・木工教室(児童、生徒対象)　小学高学年からは少しずつ基本的な工具の使用法や簡単な工作機械の、安全で正確な使用法を学び、習熟を行いながら生活に役立つ実用品の製作による木育プログラムです。

小学校図画工作科による学習では工作教育が不十分であるために、そこを補完し発展させるようなものであったり、中学校の技術・家庭科の技術分野での木材の加工での工具使用や木工機械操作においても、十分な習熟までの学習が行えない実態があります。

それらを木育プログラムの実施によって学校教育を補い、さらに発展させていくことは学社連携(学校教育と社会教育の有機的連携)の趣旨にも合致した構想です。このような立場に立ったプログラム開発が必要です。具体的な製作題材としては板材による箱物の製作で、ブックスタンド、DVDラック、整理箱、収納箱などがあります(67ページ写真参照)。

学生・成人向け木工教室(成人対象)　義務教育で学習した木工技術をさらに習熟、発展させ、生活の中で継続して活用していくことを目的としたプログラムです。

このプログラム内容は板材加工と角材加工の二本立てで構成し、板・角両材料が自由に使用できるようになるプログラム構成でなくてはなりません。製作題材は身近な生活用具の大半が製作可能

女性のための家庭工作　1

となることを目的とします。具体的には机、椅子などであり自分や家族の住まいのライフスタイルを自分自身で創造できる力を身につけるプログラムです。

女性のための家庭工作（成人女性対象）　最近、家庭雑貨雑誌などにカントリー風白木家具雑貨が掲載されるようになり、女性の間で人気のあるインテリアの木工家具雑貨を中心とした木育プログラムです。女性にも指導方法によれば十分に木を使いこなす技術を習得することが可能です。中学校技術・家庭科の技術分野での学習で基礎的な技術は習得済みであり、これを基盤として習熟、発展させる木育プログラムの提供は有効なものとなります。

具体的な製作題材としては白木の台所用具、インテリア雑貨、トールペイント題材、木彫り題材などがあります。女性のコミュニティー木工房で

女性のための家庭工作　2

の交流及び木造住宅、木製家具学習への入門プログラムです。

日曜大工のための木工教室（成人対象）　住居の修理のための木工技術習得のプログラムです。床板を張り替えたい、腰板を張り替えたい、ウッドデッキを作りたい、ビルトイン洋服ダンス・押し入れを作りたいなどの要求に応えるプログラムです。

木工ろくろ・木工旋盤の木工教室（成人対象）　挽物木工のろくろ加工は小さな木材を有効に活用でき、材料が回転しますので、筋力の弱い老人や女性の方に適した木工教室です。旋盤加工もろくろ加工と同様ですが、製作題材は異なったものとなります。木工ろくろによる製作題材は鉢、お椀、茶托、なつめなどです。木工旋盤ではペン、バット、こけしなどです。これらの小型木製品の製作を目的とした木育プログラムです。

このプログラムでは、いろいろな樹種を使用することができ、広葉樹を中心として数多くの樹種名を知り、多くの樹種の木材を加工することにより、木材の認識を一層深化させることができます。

木工ろくろ盤や木工旋盤の工作機械だけが扱える以外に、木取りのための帯のこ盤が安全に正確に使用できなければなりません。また、刃物（バイト）の研磨は頻繁に行わねばなりませんので、刃物の研磨法も必修の習得内容です。

10章 これからの理想的な木育実施のために

1 森林・林業教育と木育の連携の視点

今後の木育（木材利用に関する教育活動）を実施する場合には、従来行われてきた森林教育での実績、成果を基盤において行う必要があります。すでに実施されている「木づかい運動」においても、『「森を育むため」の木づかい運動』というように、木づかい運動の前に「森を育むために」の接頭句が付いています。

従来の森林・林業教育がどのように全国的に展開されてきたのでしょうか。また、森林・林業教育がどのように進められていくべきかの方向性を示してきた著書として、（社）全国林業改良普及協会発行の「森林教育のすすめ方」（一九九四年発行）があります。この著書には全国での森林・林業教育実践例が豊富に掲載され、森林・林業教育の教育理念・方針、教育施設や設備、教育プログラムなどについても具体的に示されており、森林・林業教育の実態を理解するには恰好の好著といえます。

このような森林・林業教育の実績があることは、それなりの施設、設備、指導者、教育(学習)プログラムが全国的に整っていると考えることができます。そして、それらが現在に至るまで有効に活用され、継続されてきているはずです。これらの基盤を有機的に木育活動につないでいくことが極めて重要な視点です。

この書物が発行された時点においては、京都議定書もなく、地球温暖化の視点からの森林・林業は重要視されていませんでした。しかし、その後の地球温暖化に関して、世界的な環境教育の意識が高まり、森林でのCO_2《二酸化炭素》吸収がにわかに脚光を浴びてきました。この地球温暖化防止の流れの延長線上で、元気な森の生育のための必要条件として、木材の利用促進の必要性が高まってきました。この潮流が「木づかい運動」、「木育」活動です。従って、木づかい運動や木育の活動では、森林・林業教育の理念を含み込んだものとして実行していかなければなりません。

2 森林・林業教育のフィールドと人材の豊かさ

従来、森林・林業教育を実施する場所としては、国有林野における森林レクリエーション事業に基づいて、全国各地にその場所が整備されてきています。また、全国各地の自治体においても「県民の森」「市民の森」などの設置によって、国、地方の両面からの施設、設備の充実が図られてきました。島根県においても、島根県県民の森や松江市に近接した宍道町ふるさと森林公園を設置しており、それぞれ森林（環境）・林業教育のできる施設と設備を備えています。

さらに、指導者としては、国、地方自治体の森林・林業担当職員、林業普及員、森林インストラクター、森林組合職員、森林・林業試験研究機関職員など豊富な人材を要しています。これらの条件は木育を実施する場合と比較して、圧倒的に優位な立場にあります。これらの優位な条件をどのように木育と融合させていけば良いかが、今後の重要な課題となってきます。ぜひ、この森林（環境）・林業教育の教育基盤を活かしながら、木育のシステムを構築していきたいものです。

しかし、このような好条件が整っていながら、学校教育での総合的な学習の時間における森林（環境）学習がなかなか行われない条件の一つに、これらの教育の場へのアクセスの不便さがあります。森林の本来の姿は人里離れた所にあるのが自然の森の真の姿であるわけです。しかし、現実問題として学校の教育課程の中で実施しようとするならば、都市近郊にある山または丘での森林が教育現場の指導者にとっては、望ましい教育の森としてのロケーションでしょう。

3　森林・林業教育施設に「木育施設」をつくる

森林（環境）・林業教育を実施するための施設、設備、指導者、教育プログラムの充実などの条件は前述のとおり、豊かなものを保有しています。しかし、既存のこれらの施設内で木育（木材利用に関する教育活動）を実施しようとして、使用する場合の条件は極めて劣っています。本来ならば、森林(環境)・林業教育施設内部に充実した木育実施のための教材・教具や木工具、木工機械、小型製材機械などを保有した施設。それらを楽しく、分かりやすい指導。さらに、安全、正確、快適に木工指導できる木材インストラクター、木工インストラクター、木育インストラクターなどの人材を備えていなければならなかったところです。しかし残念ながらその時点では、木材利用教育の必要性と重要性はまだ十分に理解されていませんでした。

一部、森林(環境)・林業教育施設には小規模で多目的で、木育のできそうな施設、設備を保有しているところがありますが、残念ながら不十分なものとなっています。また、そこでの教育プログラムも一過性のイベント的な木工教室程度の企画でした。

このように森林(環境)・林業教育施設内での木育施設(木工室など)があったとしても、設置場所が山間部であり、都市住民の日常的にアクセスして利用するには利便性の点で難点があります。そして稼働率、使用頻度の点においても低調となり、維持管理運営の点で常に問題となっています。

4　木工体験施設の初の全国調査から

全国の木工体験施設調査として、一九九九(平成一一)年三月に科学研究費補助金により平成一〇年度科学研究費補助金基盤研究(C)研究成果報告書「生涯学習における社会教育の木材加工教育に関する学習プログラムのシステム化」研究課題番号〇九六六〇一八六研究代表者山下晃功を発行しました。

これは全国の主立った木工体験のできる施設、設備の実態、学習プログラムの内容、指導者、管理・運営などハード、ソフト両面から総合的に調査した初めての報告書です。この全国調査においても、これらの施設は森林（環境）・林業教育とは全く分離された木工体験施設として設置されたものです。木を使ったものづくりを学ぶ、木工技能習得を主な学習目標としたものです。これらの施設の設立当時には地球温暖化防止の社会背景はまだなく、単なる木材利用普及促進のみの活動でした。しかも、立地条件は森林（環境）・林業教育施設と同様に、どちらかといえば人里離れた場所に設置されているのが大半です。一部には都市近郊のアクセスの良い場所に設置されているものも認められますが、ごく一部です。ましてや都市中心部にあるのは極めて少数です。

このように森林（環境）・林業教育施設と木工体験施設とが別々に離れた状態で、アクセスの悪い所で設置されているのが現状です。このような悪条件での立地では運営的にも大きなハンディーを持つことになります。また、子どもから大人までの広範囲な学習者に対して、魅力的で十分な指導力や安全指導での資格を持った指導者の配置や育成が行われていないことも大きな問題です。

5　理想的な木育施設と学習内容

森林（環境）・林業教育を推進させるための施設は全国にかなり普及しているといえます。しかし、木育を推進させるための十分な施設は全国的に見てかなり乏しいのが実態です。

今、第一に行わねばならないのが木育が実施できる全国的な拠点施設の充実です。そして、学習

木育の教育施設（出雲科学館創作工房。木工室と工作室）

プログラムの計画立案のできる者、実際の学習活動を指導できるモデル指導者の養成と確保です。この木育のモデルとなる拠点施設は都市部または都市に近い近郊に立地することが必要です。ホームセンター、スーパーマーケット並みの駐車場があり、多くの都市生活者の身近にあって日常的に利用できることが必要です。そして、生活者に日常生活と「木と森」の関連性が魅力的に感じられる木育施設が大切です。

しかも、内容的には森林（環境）・林業教育的な教材を備えた森林学習館を併設し、木材・木造科学館そして木工室（一二〇名収容可能、工作台一二台）と木工機械室（木工用帯のこ盤、手押しかんな盤、自動一面かんな盤などの汎用木工機械を備えた）などの施設、設備を備えた木育センターが拠点施設として必要です。

森の生態、樹木構造生理、木材と木質材料の構造と性質、木構造（木造住宅、木製家具）、木工技術（木を使ったものづくりの技能習得）を総合的に学習できる内容を持った学習プログラムが展開できることが必要です。そして、習得した知識や木工技能を日常生活の中で活かしていけることが大切です。

島根県には出雲市（人口約一五万人）の市街地の中心部に出雲科学館があり、その施設内に創作工房（大型木工機械を備えた木工室、工作台を十台備えた工作室）があります。また、車で一五分程度の所に宍道町ふるさと森林公園と森林学習館があります。この二つの施設が融合できれば理想的な木育センターになります。または出雲科学館の生物分野の一つに植物学習の目標を兼ねた植物・森林学習コーナーを附設することによって、理科（科学）学習と木育の両立をねらった展開も考えられます。当面は、このように既存のいろいろな分野の施設とそこでの学習プログラム内容の融合を考えることが必要でしょう。

おわりに

私が出雲科学館に講師として勤め始めて、三年が経とうとしています。いろいろなものづくり活動ができる創作工房を備えているとはいえ、やはり「科学館」ですので、科学や理科教育を中心に、それらの新しい情報が次から次へと入ってきます。特に教材に関しては、指導者向け、子ども向けを問わず書籍が多数発行されていることはもちろんのこと、ゲーム形式で楽しく理科を学べる教材まで、本当に幅広く存在しています。うらやましい限りです。それらの多種多様で魅力的な教材を見ていますと、なぜ木工分野にはこのようなものがないのだろうと不思議でなりませんでした。

今までの、広く社会で実施されてきた木工教室を振り返ってみますと、ただ単に木を使ったものづくりを行えば良かったのだと思います。時代背景がそうさせていたのかもしれません。作品の完成だけが目的で、それ以外の「なぜ？」、「どうして？」は二の次になっていました。確かに、作業に集中し自分の構想が形となって作品が完成した時の喜びは、何ものにも代え難い大きな存在です。私自身、そこから木工の魅力に取り付かれこの世界に入りましたし、木工とはそういうものだと決め付けていました。その点、理科は「なぜそうなるのか」、「どうしてこのような結果になるのか」という理論的なものが求められますので、木工とは少し種類の違う分野になります。その違いが、私にとっては新鮮でもあり難しくもあり、また木や木工に関するいろいろな企画を立てる際の源にもなっています。

これからの木工は、科学的に考え、さらには人間生活との関連をも考えていくべきです。ただの「木を使ったものづくり」から、なぜ木が良いのか、木を使うことで地球環境にどう影響するのか、木を使ったものづくり活動が人間発達上なぜ有益なのか。このようなことも学ぶことのできる木工教室へと、変化していかなくてはならない時期に来ているのです。ちょうどこのように、新しい木工教室へと変わらねばならない大切な時に、この「木育のすすめ」を出版することができました。

さて、この本を読んでいただいた方は、木育をどのように受け止めてくださったでしょうか。木育は、今まさに動き出した新しい木材利用に関する教育活動の国民運動です。普段聞きなれない言葉に戸惑いを感じられた方もいらっしゃったと思います。実際に木工教室などの指導にあたる方には、新しい指導方法や指導内容を考えるきっかけとして、また木工や木育という言葉を初めてお聞きになった方には、木育の目的や効果さらには理念を知る一つのきっかけとして、この本で少しでもそのお手伝いができれば幸いです。

最後になりましたが、「木育」が全国的に活動をスタートしようとしているこの好機に、この本を書く機会を与えていただいた海青社の宮内　久代表と、原稿の校閲や内容検討などに気持ちよく力を尽くしてくださった島根大学教育学部の長澤郁夫先生に、心よりお礼申し上げます。

原　知　子

二〇〇八（平成二〇）年　春の陽気を感じて

山下晃功（YAMASHITA Akinori）

島根大学教育学部教授
島根大学公開講座「木工教室」主宰
各種木工教室開催（島根大学や出雲科学館、三瓶木工館などで）

著書：

『ものづくり木のおもしろ実験』作野友康・田中千秋・山下晃功・番匠谷薫編、海青社、2005
『木と森の総合学習』山下晃功著、全国林業改良普及協会、2003
『木材の性質と加工』山下晃功編著、開隆堂出版（6版）、2005
『森林を育む木の楽しみ　木工クラフトハンドブック』山下晃功・原　知子著、全国木材組合連合会、2006

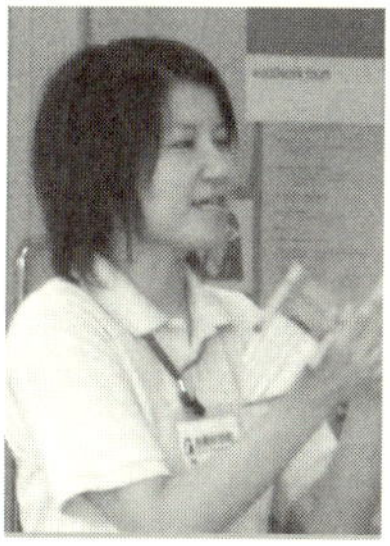

原　知子（HARA Tomoko）

出雲科学館創作工房講師

出雲科学館での子どもから大人までの「各種木工教室」、「木のサイエンスショー」、特別企画展「樹と木の物語」や「木って、ステ木」の企画、指導、実施
幕張メッセの日本 DIY ホームセンターショー 2006 にて「木の名前ビンゴゲーム」実施

著書：

『森林を育む木の楽しみ　木工クラフトハンドブック』山下晃功・原　知子著、全国木材組合連合会、2006

英文タイトル
Education for Woodworking and Wood Utilization

木育のすすめ《もくいくのすすめ》

発 行 日 ——— 2008 年 3 月 3 日　初版第 1 刷
定　　価 ——— カバーに表示してあります
著　　者 ——— 山　下　晃　功
　　　　　　　　原　　　知　子
発 行 者 ——— 宮　内　　　久

海青社
Kaiseisha Press

〒520-0112　大津市日吉台 2 丁目 16-4
Tel.（077）577-2677　Fax.（077）577-2688
http://www.kaiseisha-press.ne.jp
郵便振替　01090-1-17991

 ● ISBN978-4-86099-238-5 C1040

海青社の本・好評発売中

ものづくり 木のおもしろ実験
作野友康・田中千秋・山下晃功・番匠谷薫 編
〔ISBN978-4-86099-205-7／A 5 判・107 頁・1,470 円〕

イラストで木のものづくりと木の科学をわかりやすく解説。木工の技や木の性質を手軽な実習・実験で楽しめるように編集。循環型社会の構築に欠くことのできない資源でもある「木」を体験的に学ぶことができます。木工体験のできる 104 施設も紹介。

木材科学講座 6 切 削 加 工 第 2 版
番匠谷薫・奥村正悟・服部順昭・村瀬安英 編
〔ISBN978-4-86099-228-6／A 5 判・188 頁・1,932 円〕

プレカット、工具の定義など新規の項目を追加し、最新の情報を盛り込んだ全訂版。全編にわたり加筆・修正し、40 頁を増頁した。索引には用語解説を加え、さらにわかりやすくした。木材加工に関わる技術者・研究者必携の書。

葉ッパでバッハでハッパッパ
三上祥子 著
〔ISBN978-4-86099-234-7／A 5 変判・39 頁・980 円〕

京都洛西ニュータウンに暮らす著者が、採集した木の実や葉っぱで作った木や花の精たち30人の顔と、撮りためた写真をもとに動植物の多様なイノチの輝きとの一期一会を綴る、姫っこ冒険物語。

こ の 木 な ん の 木
佐伯　浩 著
〔ISBN978-4-906165-51-3／四六判・132 頁・1,632 円〕

生活する人と森とのつながりを鮮やかな口絵と詳細な解説で紹介。住まいの内装や家具など生活の中で接する木、公園や近郊の身近な樹から約 110 種を選び、その科学的認識と特徴を明らかにする。木を知るためのハンドブック。

広葉樹の育成と利用
鳥取大学広葉樹研究刊行会 編
〔ISBN978-4-906165-58-2／A 5 判・205 頁・2,835 円〕

戦後におけるわが国の林業は、あまりにも針葉樹一辺倒であり過ぎたのではないか。全国森林面積の約半分を占める広葉樹林の多面的機能（風致、鳥獣保護、水土保全、環境など）を総合的かつ高度に利用することが、強く要請されている。

森のめぐみ木のこころ
金田　弘 著
〔ISBN978-4-906165-63-6／四六判・158 頁・1,478 円〕

昨今、われわれの身の周りから木の文化が影をひそめ、児童・生徒には木離れシンドロームともいうべき現象が見られる。本書のテーマは、児童・生徒に、自然環境や木材利用に眼を向けさせ、「教育の場で木の文化を伝承する」ことである。

も く ざ い と 教 育
日本木材学会 編
〔ISBN978-4-906165-39-1／B 6 判・125 頁・1,223 円〕

人間形成の場である教育現場において、木材が教材としてあるいは建築材料としてどのように使用されているのか、木材が持つ特徴、人とのかかわり、教育上の役割などについて科学的に解説した。

木 を 学 ぶ 木 に 学 ぶ
佐道　健 著【増補版】
〔ISBN978-4-906165-33-9／B 6 判・133 頁・1,326 円〕

本書は、「材料としての木材」を他の材料と比較しながら、木材を生み出す樹木、材料としての特徴、人の心との関わり、歴史的な使われ方、これからの木材などについて、分かりやすく解説した。

も く ざ い と 科 学
日本木材学会 編
〔ISBN978-4-906165-25-4／B 6 判・150 頁・1,326 円〕

「加工がしにくい」「燃えやすい」「強度不足」等の欠点が克服され、木材の優れた性能が見直されている。その魅力を科学の目で解説。新しい樹種や木造空間の体感温度、変色防止、粘着剤、燃えない木材など 26 項目。

もくざいと環境 エコマテリアルへの招待
桑原正章 編
〔ISBN978-4-906165-54-4／四六判・153 頁・1,407 円〕

大量生産・大量消費のライフスタイルが地球環境にもたらした影響は深刻である。環境材料である木材は、「地球環境と人間生活が調和する未来」を考えるとき、 重要なキーであるといえる。 毎秋開講の京都大学公開講座をテキストにした。

樹 体 の 解 剖 しくみから働きを探る
深澤和三 著
〔ISBN978-4-906165-66-7／四六判・199 頁・1,600 円〕

樹の体のしくみは動物のそれよりも単純といえる。しかし、数千年の樹齢や百数十メートルの高さ、木製品としての多面性など、ちょっと考えるだけで樹木には様々な不思議がある。樹の細胞・組織などのミクロな構造から樹の進化や複雑な機能を解明。

＊表示価格は 5％の消費税を含んでいます。